RÉVISION

DE

QUELQUES ESPÈCES

DE PLEUROTOMES;

(15 Avril 1842);

PAR M. CHARLES DES MOULINS,

MEMBRE DE LA SOCIÉTÉ LINNÉENNE DE BORDEAUX, ETC.

(*Extrait des* Actes *de la Société Linnéenne de Bordeaux*, Tome XII, 3.me livraison.— 1.er Mai 1842).

A BORDEAUX,

CHEZ TH. LAFARGUE, LIBRAIRE,

IMPRIMEUR DE LA SOCIÉTÉ LINNÉENNE,

Rue du Puits Bagne-Cap, N. 8.

1842.

RÉVISION

DE QUELQUES ESPÈCES

DE PLEUROTOMES,

PAR M. CHARLES DES MOULINS, TITULAIRE.

(15 Avril 1842).

INTRODUCTION.

Un zélé naturaliste de Turin, M. Louis Bellardi, m'a adressé, entr'autres fossiles intéressants du Piémont, un certain nombre de Pleurotomes, et m'a prié de lui envoyer en retour, tout ce dont je pourrais disposer en ce genre, afin de l'aider à réunir les matériaux nécessaires à la rédaction définitive d'une monographie des espèces fossiles, extrêmement nombreuses, que renferment les terrains du Piémont.

Désirant seconder le zèle de M. Bellardi, et lui fournir tous les secours qui dépendraient de moi pour l'accomplissement d'une tâche dont je prévoyais toute la difficulté, mon premier soin a dû être d'acquérir la connaissance exacte des espèces que renfermait ma collection, afin de ne communiquer à mon savant correspondant que des matériaux convenablement élaborés. Ce travail a été long et minutieux; depuis nombre d'années, je ne m'étais pas occupé spécialement de ce genre, l'un des plus nombreux en fossiles et l'un des moins travaillés sous le rapport des espèces vivantes; j'avais accumulé les acquisitions sans les soumettre au creuset d'une véritable étude. Aussi, je le dis sans honte, j'ai reconnu bien des erreurs; mais en même temps, j'ai recueilli bien des documents synonymiques qui ne seront pas, je pense, sans quelque utilité pour l'étude de ce genre difficile; et après avoir fourni à M. Bellardi tout ce que l'état de ma collection me permettait de lui offrir en échantillons des espèces françaises et en observations synonymiques sur son envoi, il reste encore, de mon travail, une certaine masse de résultats qui n'entrent pas dans le cadre que M. Bellardi s'est proposé de remplir, et qui, dès-lors, demeureraient sans emploi, si je ne me déterminais à publier l'ensemble de mes observations.

Telle est l'occasion et tel est le but de ce Mémoire.

Je possède, en Pleurotomes : espèces vivantes, 38. — Espèces fossiles de Belgique, d'Angleterre, d'Amérique, 3. — *Idem* de Paris (coniformes), 13, (fusiformes), 37. — *Idem* de Dax, de Bordeaux, de Perpignan, du Plaisantin et du Piémont, 58. — Total, 149 espèces; systématiquement parlant, ce nombre doit être un peu réduit, quelques-unes de mes espèces vivantes ayant leurs analogues fossiles dans mon cabinet. Cette collection paraîtra peut-être assez considérable pour mériter quelque confiance en faveur des résultats que j'ai obtenus.

L'extrême difficulté qu'on éprouve à reconnaître les espèces signalées par les auteurs antérieurs à Lamarck, et la précipitation avec laquelle on travaille aujourd'hui, sans se mettre beaucoup en peine des travaux de ses devanciers, parce qu'on craint d'être devancé soi-même dans ses publications, ont donné lieu à beaucoup de doubles emplois, à des dénominations doubles dont il faut que l'une ou l'autre soit remplacée, à beaucoup de publications d'espèces soi-disant nouvelles, et qui avaient, au vrai, dix ans, vingt ans, et même plus d'ancienneté. Je n'ai pas la prétention d'être, plus qu'un autre, à l'abri de ces sortes d'erreurs, et je n'entreprendrai pas même de ramener une partie des espèces à la synonymie linnéenne ; cette tâche dépasserait mes moyens d'investigation et de comparaison. D'autres trouveront donc probablement des noms à changer, parmi ceux que j'adopte aujourd'hui, et j'espère que les auteurs dont je vais ramener les espèces à des noms plus anciens, ne désapprouveront pas un travail aux résultats duquel je souscris d'avance, quand il aura ma propre nomenclature pour objet.

Mais lorsqu'on ne s'est pas occupé spécialement de synonymie critique, on ne se fait pas une idée des difficultés que présente, dans certains cas, le choix d'une dénomination spécifique. Le transport des espèces d'un genre dans un autre, est la cause la plus fréquente des doubles dénominations dont je parlais tout-à-l'heure. Puis viennent l'impossibilité pour chacun de se procurer ou même de consulter tous les ouvrages publiés sur la matière, les défauts d'attention ou de recherches, que sais-je? l'espoir de faire loi sans contestation parce qu'on a publié une figure exacte ou une description plus soignée, ou parce qu'on occupe une position élevée et méritée dans la science.

Alors se présentent les difficultés d'application de la loi si bien connue, si précise dans sa rigueur, si claire dans ses dispositions. N'y a-t-il pas plus d'avantage à sacrifier un nom plus ancien à celui qui a passé dans la science sous plusieurs formes et dans plusieurs de ses branches? N'est-il pas, avant tout, nécessaire d'éviter la confusion toujours croissante des signes représentatifs, confusion dont tout le monde gémit, et de refuser de nouveaux développements à cette hydre de la synonymie qui étouffe et dévore la science? Telles sont les perplexités du malheureux monographe, et il est des cas dont la complication est telle, qu'il est inévitablement conduit à faire de l'arbitraire : or, on est quelquefois plus ou moins heureux, plus ou moins approuvé dans l'emploi de cet expédient. Il est d'usage, quand on le peut, de tout arranger par des dédicaces; et à tout prendre, c'est le moyen, quand il est bien employé, le meilleur, le plus sûr, et le plus juste.

M. Deshayes, dans son bel ouvrage sur les Coquilles fossiles des environs de Paris, a divisé le genre Pleurotome en deux sections. La première est composée des espèces qui se rapprochent des Cônes par leur forme, et qui n'ont qu'un très-petit nombre de représentants dans la nature vivante. Le type de ce groupe est le *Genot* d'Adanson (*Pleurotoma mitræformis*, Valenc.). M. Deshayes ne trouvant pas, dans les coquilles qui le composent, des caractères suffisants pour les distinguer génériquement, regrette que l'animal d'une de ces espèces n'ait pas été observé avec assez de soin pour qu'on puisse décider la question, mais il paraît pencher en faveur de la non-séparation. La présomption contraire me semblerait, je l'avoue, avoir en sa faveur plusieurs considérations d'ensemble (la forme générale, la forme de l'entaille, l'extrême convexité du bord droit, l'absence constante de véritables côtes longitudinales) auxquelles on pourrait ajouter le peu de mots que dit Adanson de l'animal de son *Genot*. Après avoir dit que celui de sa Pourpre *Farois* (*Pleurotoma echinata*, Lam.), ressemble à celui de sa trentième espèce de Pourpre (qui est un Strombe de Lamarck), par la position de ses yeux et la longueur de son opercule, il parle ainsi de sa Pourpre *Genot* : « Elle ressemble beaucoup » au genre des Rouleaux (*Cônes* de Lamarck) par la figure » de l'animal, de son opercule et de sa coquille ».

La seconde section de M. Deshayes se compose des espèces

fusiformes, c'est-à-dire, de celles à longue queue qui rappellent la forme normale des Fuseaux, et de celles à courte queue dont Lamarck avait jadis fait son genre Clavatule, qu'il a lui-même été le premier à abandonner. Cette section, infiniment plus nombreuse en espèces que la précédente, en renferme une troisième très-remarquable et dont M. Deshayes n'a pas parlé, sans doute parce qu'elle n'a pas de représentant complètement caractérisé dans le bassin de Paris, et qu'elle en compte très peu parmi les espèces vivantes d'une taille un peu forte.

M. de Basterot est, à ma connaissance, le premier qui, en 1825, à la page 65 de son important Mémoire sur le bassin tertiaire du Sud-Ouest de la France, ait appelé l'attention sur ce groupe composé de plusieurs espèces vivantes de France et d'Angleterre, de plusieurs fossiles de l'Anjou, qu'il avait vues dans la collection de M. Defrance, et, pour le bassin du Sud-Ouest, de ses *Pleurotoma purpurea, terebra, costellata* et *cheilotoma*. Il présume que ces espèces seront un jour érigées en genre distinct, mais il n'ose opérer lui-même leur séparation, faute de connaître l'organisation des animaux qui les habitent.

En 1826, M. Defrance (art. *Pleurotome* du Dict. des sciences naturelles de Levrault, T. 41, p. 396) déclare se ranger à l'opinion de M. de Basterot; mais il ne constitue pas non plus le genre proposé.

Cette même année 1826, M. Millet, naturaliste d'Angers, bien connu par ses nombreux et importants travaux sur la Faune de sa province, établit enfin ce genre, dans les *Annales Linnéennes*, sous le nom de *Defrancia*.

J'ignore s'il y a identité de circonscription entre ce genre et le *Mangilia* de M. Risso, nom qui paraît avoir été adopté, 10 ou 12 ans plus tard, par M. le professeur Beck, de Copenhague (Voyez Potiez et Michaud, *Galerie des Mollusque de Douai*, T. 1, p. 445, 446 [1838]).

Je reviens au genre *Defrancia*, que M. Millet caractérise principalement, 1.° par son bord droit tranchant (muni extérieurement d'un bourrelet non-marginal recouvrant en partie l'ouverture, c'est-à-dire, se repliant en dedans vers le plan de l'ouverture; 2.° par son entaille, échancrure ou sinus, située immédiatement au-dessous de la suture, et terminée du côté du bord columellaire, par une petite dent ou protubérance (qui a pour effet de retrécir l'ouverture de l'entaille, de la rendre ronde, au lieu d'être triangulaire comme dans la première section, ou parallélogrammique comme dans beaucoup d'espèces de la seconde), en sorte que, comme le dit parfaitement bien M. de Basterot, l'échancrure est *creusée profondément dans la lèvre droite.*

J'ai, pour ainsi dire, la conviction instinctive que le genre *Defrancia* doit être bon. Les exemples de l'Iridine, de la Castalie, du Mycétopode, de la Litiope, du *Turbo pica*, etc., sont là pour nous prouver que le plus souvent, lorsque la coquille n'offre pas de caractères en apparence assez importants pour motiver une séparation incontestable, l'animal nous vient en aide pour mettre toutes les opinions d'accord. D'un autre côté, les genres Pleurotomaire, Nérinée, Schizostome, etc., et tout récemment le genre *Murchisonia* de MM. d'Archiac et de Verneuil (15 Février 1841, *Bull. Soc. géolog. de Fr.*, T. 12, p. 154), prouvent que la fente du bord droit est un caractère qui se représente à divers degrés de la série linéaire des Pectinibranches. Enfin, des ballotements éprouvés par ces mêmes *Murchisonia*, on peut tirer une conclusion semblable à celle que prononce l'illustre botaniste Persoon, au sujet des plantes ballotées dans divers genres par des auteurs recommandables. Nécessairement, dit-il, ces plantes sont *sui generis.*

Mais cette conclusion, qu'on est en droit de tirer dans l'établissement d'un genre *éteint*, est-elle permise quand il s'agit d'un genre qui compte des espèces vivantes ? Il me semble que, dans l'état actuel de la science, la réponse doit être négative, à moins de motifs très-graves, à moins de l'existence de caractères de premier ordre. Il ne s'agit que d'attendre les observations concluantes qui viendront un peu plus tôt ou un peu plus tard. M. Dujardin et beaucoup de naturalistes éminents nous enseignent cette retenue par leur exemple, et je crois devoir m'en tenir à la prudente réserve des auteurs que j'ai cités.

Maintenant, cette section, ce groupe ou sous-genre des Pleurotomes, quelle en sera la circonscription ? Faut-il, en attendant les observations anatomiques, l'étendre à toutes les espèces dont l'entaille est arrondie, vaguement sub-circulaire, ou faut-il la limiter à celles-là seules où les deux points extrêmes du contour de l'entaille *convergent l'un vers l'autre?* en d'autres termes, où l'ouverture de l'entaille est *retrécie de manière à indiquer la forme d'un périmètre complet ?* De cette façon, nous aurions une distinction nette, géométrique.

Pleurotomes vrais... entaille *parallélogrammique* ou *parabolique;*

Pleurotomes douteux (*Defrancia*).... entaille *cycloïdale* ou *ellipsoïdale.*

Encore une fois, les observations manquent, et puisque je ne fais ici que proposer la délimitation d'un groupe *provisoire*, j'y comprendrai les espèces dont le bord droit est épaissi, marginé par un bourrelet extérieur au moins aussi fort que les autres côtes (quand elles existent) de la coquille, et dont l'entaille, présentant une forme analogue à celle d'un cercle, d'une ellipse, ou d'une virgule, a son ouverture retrécie (sans avoir égard à son plan) par une ou plusieurs dents ou protubérances, soit du bord droit, soit du bord columellaire, soit de tous les deux.

Moyennant cette définition, je crois que le groupe *Defrancia* sera aussi nettement limité que pourrait l'être le genre le plus naturel, et que sauf dans le très-jeune âge, où l'on sait que le plus souvent les caractères génériques manquent encore, on n'aura jamais de doutes sur la place à donner à une coquille; car, grâce à l'épaississement du bord droit, il est presque toujours suffisamment conservé dans les adultes, roulé, fruste, mais non brisé; tandis que dans les deux premières sections, et notamment dans celle des *Coniformes*, sa minceur et son extension en avant le rendent fort difficile à trouver entier, même dans les individus vivants que renferment les collections ordinaires.

J'ai introduit la *forme virgulaire* et ces mots : *sans avoir égard au plan de l'entaille*, dans la caractéristique du groupe *Defrancia*, parce que je ne puis pas en séparer deux belles espèces vivantes de ma collection (des Indes orientales?) que je rapporte aux *Pleurotoma striata* Kiener et *callosa*, Valenciennes. Leur entaille, manifestement parabolique quant à la direction de ses extrémités, est réellement retrécie par une énorme protubérance columellaire, inférieure à l'extrémité columellaire (qui reste parfaitement libre) de l'entaille, et qui donne à son ensemble la forme d'une virgule. Or, de là au *Pleurotoma terebra* Bast., et à ses analogues, il n'y a qu'un pas : l'extrémité columellaire de l'entaille se soude et se confond avec la protubérance columellaire.

Quant au bord *tranchant* et au bourrelet *non-marginal* de la caractéristique de M. Millet, je les considère comme accidentels, c'est-à-dire, comme observés sur des individus qui n'avaient pas terminé leur accroissement. Cependant, j'ai par devers moi une observation qui, si elle était répétée sur un certain nombre d'espèces analogues, pourrait peut-être fixer définitivement parmi les caractères du groupe l'expression de la remarque de M. Millet. Le sujet de cette observation est un individu parfait d'un petit *Defrancia* fossile des environs de Perpignan, lequel existe dans mon cabinet (*a*). Un gros bourrelet extérieur se termine, comme le dit M. Millet, par un bord mince et tranchant qui se réfléchit légèrement sur l'ouverture : vers le haut de celle-ci se présentent l'entaille ronde, caractéristique du *Defrancia*, et la dent columellaire ; mais je remarque que les traces d'accroissement laissées par l'entaille sur le trajet des tours de spire, offrent une forme si peu excavée que si la coquille n'était pas adulte, elle aurait à peu près le bord droit d'un Fuseau. Or, cette entaille à peu près nulle se retrouve dans plusieurs Pleurotomes (*Villiersii*, *glabella*, *vulpecula*, *etc.*), que j'ai même hésité quelque temps à laisser dans ce genre : si ceux-ci, arrivés au terme parfait de leur croissance, présentaient comme le *Pl. auricula* un bord mince et tranchant, et l'entaille caractéristique ronde, et si la dent columellaire commençait alors seulement à se montrer, il faudrait les retirer de la seconde section et les porter dans la troisième ; mais alors, il y aurait parmi les *Defrancia*, deux sous-sections, 1.° celle où l'entaille aurait toujours sa forme *ronde excavée* à tous les âges, et où il n'y aurait jamais de bord mince réfléchi ; 2.° celle où l'entaille ne se creuserait suffisamment pour prendre cette forme, qu'à l'âge parfaitement adulte, époque à laquelle seulement paraîtraient la dent columellaire et le bord mince et tranchant.

(*a*) Je suppose que cette petite coquille peut appartenir au *Pleurotoma auricula*, Marcel de Serres (Géognos. des terr. tert. du Midi de la France, suppl. pag. 260), espèce que l'auteur n'a ni décrite ni figurée, et à laquelle il donne pour synonyme un *Murex auricula* Brocch., que je ne trouve point mentionné dans l'ouvrage du savant italien. Je ne parlerai donc point de cette espèce dans le Mémoire qu'on va lire, et je n'en parle ici qu'à cause des caractères remarquables que présente son ouverture.

Or, cette généralisation d'une observation presque isolée, et la subdivision qui en serait la suite, sont, dans l'état actuel de mes connaissances, trop hypothétiques pour que je puisse me permettre de les introduire dans ce Mémoire.

Remarquons enfin, en terminant cet examen, que, dans tout le genre Pleurotome, le groupe *Defrancia* sera le seul dont plusieurs espèces nous offriront de véritables dents ou crénelures à la partie interne du bord droit, disposition essentiellement subordonnée à son épaississement.

Le genre sera donc, provisoirement, ainsi divisé :

1.re Section. Pleurotomes douteux (*coniformes*).
2.me *Id.* *Id.* vrais (*fusiformes*).
3.me *Id.* *Id.* douteux (*Defrancia* Mill.).

Ce qu'on vient de lire a été écrit, ainsi que le travail qui va suivre, en Juillet et Août 1841, dans ma résidence ordinaire, à Lanquais (Dordogne) ; mais j'ai dû remettre à mon plus prochain voyage à Bordeaux, la vérification des résultats de mon travail, en ce qui concerne les espèces fossiles de Dax, dans la collection de M. de Grateloup. J'ai trouvé dans mon savant ami la complaisance que j'espérais de sa part, et nous avons *tout revu ensemble sur les échantillons-types* qui ont servi de modèles à son iconographie. Celle-ci, terminée depuis plus de vingt ans, n'est pas encore publiée en entier, mais le genre Pleurotome le sera d'ici à peu de temps. On pourra recourir alors à ces admirables dessins, tous faits par M. de Grateloup lui-même ; et l'on peut, dès ce moment, compter entièrement sur sa synonymie, telle que je l'expose dans mon travail. Tout en reconnaissant l'opportunité d'un certain nombre de changements dans les noms, que j'ai dû proposer ici, M. de Grateloup a le projet de s'en tenir à son ancienne nomenclature, afin que la publication de ses figures marche d'accord avec celles qu'il a déjà faites dans les *Actes de la Société Linnéenne de Bordeaux* ; mais comme, à son tour, il citera ma synonymie, il ne pourra y avoir aucun doute sur l'application de mon travail à ses figures.

M. de Grateloup et d'autres auteurs ont établi, depuis Lamarck, d'excellentes espèces de Pleurotomes ; mais le cadre que je me suis tracé m'interdit d'en parler, puisque ce Mémoire ne doit traiter que des espèces sur lesquelles j'ai quelques observations, synonymiques ou autres, à présenter.

Pendant mon absence de Bordeaux, M. de Grateloup a fait l'acquisition de la magnifique *Iconographie* de M. Kiener : il m'a permis de la consulter, et d'enrichir ainsi mon travail en la citant pour le peu d'espèces vivantes dont j'avais à parler. Il est fâcheux qu'une aussi belle publication soit déparée par tant de négligences typographiques, par de faux rapports de numéros des planches, des figures, des pages, et quelquefois même par des synonymes défigurés ou attribués à des auteurs auxquels l'espèce n'appartient pas. Je dois signaler ici une de ces erreurs typographiques qui pourrait tromper pendant une recherche rapide. Le groupe *b* (à canal très-court) des Pleurotomes de M. Kiener, doit commencer évidemment, ce me semble, au *Pl. interrupta* Lam. (p. 32 de M. Kiener), au lieu de commencer au *Pl. imperialis* Lam. (p. 41 de M. Kiener). Il y a donc 7 espèces du 2.me groupe comprises à tort dans le 1.er, si l'on s'en rapporte à la division indiquée par le catalogue final du genre.

Je possède environ une douzaine de Pleurotomes vivants, la plupart de très-petite taille, qui ne sont pas compris dans la monographie de M. Kiener. Si je trouvais un bon dessinateur, je pourrais un jour les publier.

Bordeaux, le 15 *Avril* 1842.

RÉPERTOIRE

DES CITATIONS EMPLOYÉES LE PLUS FRÉQUEMMENT DANS CE MÉMOIRE,

(Destiné à permettre la plus grande abréviation possible dans l'exposition de la Synonymie.)

LAMARCK, Animaux sans vertèbres, T. 7, (1822), p. 91 à 102.

(*Abréviation adoptée :* Lam. n.º.... pour les espèces vivantes.— Lam. foss. n.º.. pour les espèces foss.).

DESHAYES, Description des Coquilles fossiles des environs de Paris (1824-1837), T. 2, p. 436-493.

(*Abr. adopt.* : Desh., Paris. n.º.. p.... pl.... fig..).

DE GRATELOUP, Tableau des Coquilles fossiles qu'on rencontre dans les terrains calcaires tertiaires (faluns) des environs de Dax. — Cet ouvrage, dont il n'a pas été fait de tirage à part, est imprimé dans les tomes II (*Bulletin*) V, VI et VII (*Actes*) du recueil publié par la Société Linnéenne de Bordeaux. Le genre Pleurotome est traité dans le T. 5, p. 314-334 (1832).

(*Abr. adopt. :* Grat. Tabl. Dax, p. n.º...)

DE GRATELOUP, Catalogue zoologique des animaux vertébrés et invertébrés, etc., du bassin de la Gironde (1838).— Ce travail, dont il a été fait un tirage à part, a été publié dans le T. II des Actes de l'Académie royale des sciences, belles-lettres et arts de Bordeaux.

(*Abr. adopt.* Grat. Cat. Gir. n.º.....).

DUJARDIN, Mémoire sur les couches du sol en Touraine, et description des coquilles de la Craie et des Faluns. — Cet ouvrage est imprimé dans le Tom. II des *Mémoires* de la Société Géologique de France (2.me partie, 1837). J'ignore s'il en a fait un tirage à part.
(*Abr. adopt.* : Dujard, foss. tert. Tour. p..... n.°..... pl.... fig...).

MARCEL DE SERRES, Géognosie des terrains tertiaires du Midi de la France (1829).
(*Abr. adopt.* : M.^{el} de Serr. Géogn. p... pl... fig....)

DEFRANCE, art. *Pleurotome* (fossil.) du Dictionnaire des Sciences naturelles (imprimé chez Levrault), T. 41 (1826), p. 388-396.
(*Abr. adopt.* : Defr. Dict. p.....)

BROCCHI, Conchiologia fossile subapennina (1814), T. II.
(*Abr. adopt.* : Brocch. n.°... p... pl... fig...)

DE BASTEROT, Description géologique du bassin tertiaire du Sud-Ouest de la France (1825). — Cet ouvrage, qui commence le T. II du Mémoire de la Société d'Histoire naturelle de Paris, a eu un tirage à part ; mais la pagination est la même.
(*Abr. adopt.* : Bast. p... n°... pl... fig...)

MATON et **RACKETT**, descriptive Catalogue of the British Testacea (lu à la Société Linn. de Londres, le 17 Janvier 1804). Imprimé en 1807 dans le T. VIII des Transactions de la Société Linnéenne de Londres.
(*Abr. adopt.* : Mat. et Rack. Catal. p... n.°...)

KIENER, Species général et Iconographie des Coquilles vivantes, genre *Pleurotome*, 27 pl., 57 espèces.
(*Abr. adopt.* : Kien. Pleur. p.... n.°.. pl.... fig.)

Je ne puis citer que rarement ce dernier ouvrage, ayant été obligé de le consulter hors de ma collection de Pleurotomes vivants.

PLEUROTOMA. LAM.

1.re SECTION. — *CONIFORMES*.

Presqu'entièrement composée d'espèces fossiles du bassin de Paris, décrites par Lamarck et par M. Deshayes, cette section peu nombreuse a une synonymie extrêmement simple, et je n'ai que très-peu d'observations à présenter à son sujet.

N.o 1. *PLEUROTOMA MITRÆFORMIS*. VALENC. Coll. Mus.— Kien. Pleur. p. 49. n.o 28. pl. 21. fig. 1, 2.

Pourpre genot. Adans. Sénég. p. 145. pl. 9. fig. 35.
Murex mitriformis, Wood, Cat. Shells, pl. 5. fig. 5.
Pleurotome.... Deshayes, Enc. méth. art. *Genot;* et coq. foss. Paris, T. 2, p. 432.

HAB. Iles de la Magdelaine au Sénégal, *RR*. (Adanson).

Rapportée avec doute par Gmelin, comme var. *B*, à son *Voluta sanguisuga*, p. 3450, n. 50 (qui comprend les *Mitra sanguisuga* et *stigmataria* de Lamarck), cette très-rare coquille vivante, que personne, jusqu'à ces derniers temps, ne semblait avoir vue depuis Adanson, paraîtrait, d'après M. de Blainville, devoir être rapprochée des Cônes plutôt que des Volutes. M. Deshayes, au moyen d'une lecture plus attentive de la description d'Adanson, qui dit que la lèvre droite ne diffère point de celle de l'espèce précédente (*Pourpre Farois*, vrai Pleurotome), l'a ramenée à son véritable genre. Je regrette qu'il n'ait pas adopté définitivement pour elle le nom spécifique imaginé par Adanson, car la disette de noms *épithétiques* commence à se faire tellement sentir que nous sommes heureux de rencontrer, de loin en loin, ces combinaisons baroques qu'Adanson tirait lettre par lettre, dit-on, du fond d'un chapeau (*a*).

N.° 2. ***PLEUROTOMA SUBDECUSSATA?*** Desh. Paris, n. 12, p. 446, pl. 70, fig. 1, 2.

Foss. des environs de Paris.

Un échantillon de ma collection, que je rapporte avec quelque doute à cette espèce, à cause du manque de ponctuations et de la taille bien plus forte (31 millim.) que celle indiquée par M. Deshayes, a conservé des traces de sa coloration, qui consiste en points jaunes, arrondis, très-distancés, et placés sur le dos des sillons, suivant des lignes verticales courbes qui correspondent plus ou moins régulièrement aux principales marques de l'accroissement du bord droit. Cette conservation doit être bien rare, puisque M. Deshayes n'en fait pas mention.

N.° 3. ***PLEUROTOMA DESHAYESII.*** Nob.

Pl. cincta. Desh. Paris, n. 13, p. 447, pl. 69, fig. 3 et 4, *non* Lam., n.° 8.

Cette espèce ne peut conserver le nom imposé par M. Deshayes, puisqu'elle n'est pas l'analogue fossile du *Pl. cincta* Lam. Je donne donc le nom de notre célèbre Conchyliologiste à l'espèce qu'il a découverte.

N.° 4. ***PLEUROTOMA FILOSA.*** Lam. foss. n. 6, etc.

Foss. de Paris et de Dax.

M. de Grateloup (Tabl. Dax, p. 325), ne donne le fossile

(*a*) Idée ingénieuse pourtant, et qui fut véritablement utile, car elle mit au néant tout l'ancien galimathias *Turbo tuberosus quasi subtili, et candidâ telâ Ollandicâ inductus*, etc.; et perfectionnée elle-même, elle devint la source immédiate de la simple et facile nomenclature Linnéenne.

de Dax que comme *sub-analogue* de celui de Grignon. Je présume qu'il n'a comparé son espèce qu'avec un très-petit nombre d'individus parisiens. Ceux-ci présentent eux-mêmes des variations notables, et je ne trouve aucune différence spécifique entre eux et le fossile de Dax.

Je possède un individu parisien qui a conservé sa coloration, ce qui doit être fort rare, car M. Deshayes n'en parle pas. La partie inférieure des tours, le dedans de l'ouverture et le filet columellaire sont d'un rose uniforme jusqu'à la strie élevée qui répond au milieu de l'échancrure ; mais cette teinte rose s'affadit beaucoup au delà du troisième tour et disparaît en approchant du sommet de la spire. La partie des tours qui est supérieure à la strie élevée dont je viens de parler, et toutes les stries transversales de la coquille, sont blanches. Cette coloration, nécessairement affaiblie par la fossilisation, a dû être charmante.

N.° 5. *PLEUROTOMA GRATELUPII.* Nob.

Pl. clavicularis. Grat. Tabl. Dax, p. 324. n.° 328 ! *Non* Lam. *Nec* Desh.

Foss. de Dax.

P. testâ fusiformi, medio ventricosâ, transversìm sulcatâ ; sulcis anfractûs ultimi (spirâ longioris) prominentibus crassis et (versùs basin) striis alternis minoribus, omnibus undulatis subgranosis ; striis incrementalibus numerosissimis tenuibus, decussantibus ; anfractibus superioribus convexiusculis, basi lævigatis, supernè quadrisulcatis, interstitiis sulcorum subverticaliter punctato-striatis ; aperturâ angustâ, columellâ inflexâ.

Cette belle espèce a 16-18 lignes de longueur totale. Je ne pense pas, d'après la description de M. Al. Brongniart, Vicent. p. 73, qu'on puisse la rapporter à son *Pl. clavicularis*, bien que M. de Grateloup indique ce synonyme ; et, comme elle est aussi éloignée du vrai *clavicularis* qu'elle est réellement voisine du *filosa*, je ne doute pas qu'elle ne soit entièrement nouvelle. En effet, possédant, je crois, toutes les espèces parisiennes décrites par M. Deshayes (à l'exception du *Pl. unifascialis*), je crois pouvoir me flatter de n'avoir pas commis de double emploi avec l'une d'elles, et je suis heureux de donner à la coquille Dacquoise le nom de mon savant et respectable ami le docteur de Grateloup, à qui l'on doit tant de travaux importants sur les riches dépôts du bassin de l'Adour, et à la généreuse affection de qui je suis, en particulier, redevable de presque tout ce que je possède en fossiles de ces localités.

Je vais calquer sa description détaillée, sur celle que M. Deshayes a donné du *Pl. filosa*, afin d'en faire ressortir les différences.

Coquille véritablement fusiforme, très-renflée dans le milieu, atténuée à ses extrémités (composée de deux cônes un peu inégaux, opposés par leurs bases); la spire est moins longue que le dernier tour. Les tours sont peu convexes, plats et lisses dans leurs tiers inférieur, ornés supérieurement de quatre sillons proéminents, accouplés deux à deux, et formant comme deux doubles bourrelets (les deux sillons intermédiaires sont les plus forts) : leurs interstices sont sillonnés plus ou moins obliquement par de nombreuses stries d'accroissement très-saillantes (restes des anciens bords de l'entaille), en sorte qu'elles laissent entr'elles comme des points creux plus ou moins allongés selon l'écartement des sillons qu'elles coupent. La suture est légèrement canaliculée, extrêmement rapprochée du sillon supérieur du tour de spire. La partie supérieure du dernier tour (depuis la suture jusqu'au bord inférieur de l'entaille) occupe près du quart de la longueur totale; elle offre les quatre sillons des tours supérieurs, mais plus espacés, en sorte qu'ils admettent dans leur intervalle quelques stries transversales subgranuleuses. La partie inférieure du dernier tour est couverte de 14 ou 15 gros sillons épais, arrondis, légèrement ondulés et noduleux, dont les sept ou huit médians, plus espacés, sont séparés par une strie filiforme, rendue noduleuse par l'intersection d'un nombre immense de stries verticales d'accroissement. Les plus grosses de ces dernières forment les nœuds, et les plus fines ne sont visibles qu'à la loupe.

L'ouverture est allongée, étroite, élargie vers le sommet. La columelle, brusquement infléchie un peu au-dessous de son milieu, se détache en un fort bourrelet (filet columellaire, cylindracé, lisse et poli, derrière lequel on voit la fente ombilicale, comme dans le *Pl. filosa* qui ressemble également à notre espèce par son canal terminal et par la forme de sa lèvre droite ; mais l'entaille du *Pl. Gratelupii*, placée comme dans l'espèce parisienne, est plus profonde et moins oblique que la sienne.

2.me Section. — (*FUSIFORMES*).

N.° 6. ***PLEUROTOMA RAMOSA.*** Bast. p. 63. n.° 4. pl. 3. fig. 15. — Defr. Dict. p. 394. — Grat. Tabl. Dax, p. 326. n.° 332, et Cat. Gir. p. 46. n.° 402.

Murex reticulatus ! Brocch. p. 435. n.° 62. pl. 9. fig. 12. *non* Renieri !

Foss. de France et d'Italie.

Cette belle espèce doit conserver le nom de M. de Basterot, puisque, comme je le fais remarquer en parlant du *Pl. reticulata* Renier (ci-après, n.° 50), Brocchi a restitué le nom de Renieri à son ancien *Pleurotoma* (Murex) *echinata.*

N.° 7. ***PLEUROTOMA INTORTA.*** Brocch. (*Murex intortus*) p. 427. n.° 51. pl. 8. fig. 17. — Desh. ap. Lyell. — Grat. Tabl. Dax, p. 323, n.° 326, et Cat. Gir. p. 46. n.° 406.

Pl. Farinensis, Marcel de Serr. Géogn. p. 112 et 269, pl. 2, fig. 1, 2.

Foss. de France et d'Italie.

Je ne possède qu'un seul individu de cette superbe et rare espèce (il vient de Léognan près Bordeaux), mais il est d'une admirable conservation. Les nodosités sont presques nulles sur les derniers tours de spire, et la coquille est plus courte et plus élargie proportionnellement que dans la figure de Brocchi.

Longueur, 2 1/2 pouces. — Diamètre, 13 lignes.

Les individus de Dax, que j'ai vu chez M. de Grateloup, atteignent à peine la moitié de cette dimension.

Je pense comme M. de Grateloup, que le *Pl. Farinensis* Marcel de Serres (que je n'ai pas vu en nature), n'est qu'une variété plus petite et à nodosités plus prononcées, du *Pl. intorta :* quant à l'autre synonyme, indiqué avec doute par M. de Grateloup (*Pl. muricata* Marcel de Serres), il appartient incontestablement au *Pl. cataphracta.*

N.° 8. *PLEUROTOMA CATAPHRACTA.* Brocch.

(*Murex cataphractus*) p. 427. n.° 52. pl. 8. f. 16. — Bast. p. 65. n.° 11. — Grat. Tabl. Dax., p. 324. n.° 327, et Cat. Gir. p. 46. n.° 396.

Foss. de France et d'Italie (ainsi que sa variété).

Var. B. Grat. Tabl. — Var. (non figurée) *tuberculis crassioribus* Brocch. p. 428.

Pl. Delucii. Defr. (olim, antè annum 1826) Dict. pag. 395. *non* Nyst, coq. foss. Kleynspauwen (1836).

Pl. muricata. Marcel de Serres, Géogn. p. 112 et 270. pl. 2. fig. 3, 4 (1828), *non* Lam. *nec* Montagu.

Pl. turbida. Lam. Foss. n.° 5. (1822). — Encycl. méth. pl. 441. fig. 8, (*non* pl. 439. fig. 7. *a, b*).

Murex turbidus ! Brander, pl. 2. fig. 31 (icon. vidi).

Je ne fais mention de cette espèce bien connue, que pour établir la synonymie particulière de la var. B, qui est plus raccourcie et partant plus ventrue, mais qui, d'après un mûr examen, me paraît retourner au type par des variations insensibles.

Il faut bien remarquer que c'est le *Pl. turbida* Lam. et Encycl. pl. 441, qui se rapporte ici, et non le *Pl. turbida* ainsi nommé dans l'explication de la planche 439 de l'Encyclopédie. Ce dernier, qui est le *Pl. concatenata* Grat., n'est point cité par Lamarck.

Enfin, si comme j'espère, la synonymie que je viens d'exposer est exacte, et si (ce dont je ne puis juger définitivement, à cause de l'imperfection du bord droit dans les échantillons que j'en possède) cette variété devait être élevée de nouveau au rang d'espèce, les dates que j'ai rappelées montrent que le nom de *Pl. turbida* serait son nom légitime.

N.° 9. *PLEUROTOMA COLON*. Sowerby. — Desh., Paris, n.° 64. p. 492. pl. 66. fig. 4, 5, 6, 7, — Nyst, coq. foss. de Kleynspauwen, p. 30. n.° 78?

Pl. Boomi. Potiez et Michaud, Gal. Moll. Douai, T. 1. p. 443. n.° 4.

Foss. d'Angleterre, de Belgique et de Paris.

M. Deshayes a été plus heureux que M. Nyst, puisqu'il a pu s'assurer de l'identité de l'espèce de Boom avec celle de Sowerby. Le mauvais état habituel des échantillons de Belgique a donné lieu au double nom qu'on trouve dans la publication de MM. Potiez et Michaud. Ce dernier nom eût dû être écrit *Boomensis* ou *Boomiana* et non *Boomi*, puisque Boom est un nom de localité et non pas un nom d'homme.

N.° 10. *PLEUROTOMA ECHINATA*. Lam. n.° 4, *non* Brocchi. — Kien. Pleur. p. 45. n.° 35. pl. 20.

fig. 4 (et non pl. 22 comme le texte l'indique faussement).

Clavatula echinata. Lam. Encycl. méth. pl. 439. fig. 8.

Pourpre Farois! Adans. Sénég. p. 143. pl. 9. fig. 34.

L'individu que je dois à l'obligeance de M. Guimard fils, de Bordeaux, lui a été apporté directement du Sénégal. M. Kiener ne donne pas le synonyme d'Adanson, et cite seulement, pour localité, les côtes de la Nouvelle-Guinée.

N.° 11. *PLEUROTOMA ASPERULATA*. Lam. foss. n. 3 (descript. optim.), *non* Grat.

Pl. tuberculosa. Bast. p. 63, n. 1, pl. 3, fig. 11. *A.B.* (optimæ! [excl. var. *a* ad *Pl. spinosam* Defr. *non* Grat. referend.], *non* Grat., Cat. Gir. p. 45, n. 385.

Pl. spinosa! Grat. Tabl. Dax, p. 323, n. 324, et Cat. Gir. p. 46, n. 387, *non* Defr. (ex descriptione cl. Defrance); et *Pl. turricula!* Grat. Tabl. Dax, p. 321, n. 320, *non* Brocchi!

Pl. Prevostina? Defr. Dict. p. 391 (ipso l. c. monente, sed spec. à me non vis.).

Pl. sub-spinata? Hœningh. Cat. coll.

Foss. de Bordeaux, de Dax et d'Allemagne (?),

Je ne puis comprendre pourquoi M. de Basterot a hésité à reconnaître son espèce dans l'excellente description de Lamarck.

Je n'ai plus, dans ma collection, que sept échantillons de cette espèce. Je la divise en deux variétés établies sur ces sept échantillons et sur les deux excellentes figures d'individus différents, publiés par M. de Basterot, savoir :

Var. A. *anfractibus planiusculis vix excavatis*. Nob. — Bast. fig. 11, A.

Var. B. *anfractibus propter carinam eminentiorem profundiùs excavatis et quasi sulco divisis.* Nob. — Bast. fig. 11, B.

Les échantillons de Dax que M. de Grateloup a nommés *spinosa* ont été revus autrefois par M. Defrance ; mais, d'après les descriptions, je crois qu'il y a eu quelque mélange d'étiquettes, et je m'en tiens à l'opinion que l'étude de mes espèces m'a fait concevoir.

Quant aux six ou sept échantillons, très-grands et très-beaux, que M. de Grateloup a décrits sous le nom de *turricula*, ils offrent des variations de détails qui peuvent servir à l'établissement de variétés remarquables dans l'*asperulata* : quelques-uns présentent même des ornements qui rappellent d'une manière plus ou moins éloignée les cordelettes du *Pl. turris* Lam., mais aucun d'eux ne peut être rapproché du *Pl. turricula* Brocch. Les éléments de construction de cette dernière espèce diffèrent essentiellement de ce qu'on voit dans l'*asperulata*.

N.° 12. *PLEUROTOMA JAVANA*. De Roissy. — Kien. Pleur. p. 20. n.° 15. pl. 5. fig. 1. *non* Encycl. méth. pl. 439. fig. 3.

Pl. Fusus. Hœningh. Cat. coll. (fossil.), *non* Grat. Tabl. Dax.

Pl. transversaria ! Grat. Tabl. Dax, pl. 314, n.° 306. *Non* Lam. *nec* Desh. *nec* Defr.

Murex Javanus ? L. syst. nat. (ex Kiener.)

Lister, t. 915, fig. 8.

HAB. Océan indien (ex Kiener).

Foss. de Dax et de Bordeaux.

On me l'a donné, à l'état vivant, comme trouvé sur les bords du bassin d'Arcachon (Gironde), ce qui me paraît bien extraordinaire, vu la patrie qui lui est assignée par M. Kiener. Sa taille est grande (2 pouces 9 lignes et demie, ou 79 millim. Un autre individu a 22 lignes et demie ou 52 millim.).

En décrivant (Coq. foss. de Paris, t. 2. p. 450. n.° 16) le *Pleurot. transversaria* Lam., M. Deshayes parle d'un Pleurotome vivant figuré par Martini et que Linné a nommé *Murex Javanus*. Cette espèce, d'après M. Deshayes, aurait beaucoup de ressemblance, quant à sa forme générale, avec le *transversaria* fossile de Paris. Je n'ai pas pu consulter la figure de Martini ; mais Gmelin qui la cite dans la 13.me édit. du *Systema Naturæ* (p. 3541, n ° 53), donne de ce *Murex Javanus* une caractéristique et une description telles qu'elles rappellent beaucoup plus le *Pl. undosa* ou même le *Pl. crispa* de Lamarck qu'elles ne donnent l'idée d'une forme approchante du *transversaria*. Je crois même comprendre que le *Murex Javanus* doit embrasser à la fois les *Pleurotoma undosa* et *crispa*, car la description semble contenir les éléments des deux espèces, et cela à l'exclusion du *Pl. Javana* de l'Encyclopédie méthodique, pl. 439. fig. 3. (*Pl. nodifera* Lam.). En effet : *Babylonico simillimus.... caudâ nunc breviore...... anfractibus nunc carinatis.....* voilà pour l'*undosa* ; — *caudâ nunc longiore.... anfractibus nunc tuberculis carinatis*, *substriatis*, voilà pour le *crispa* ; *at testa alba*, *immaculata*, *radiis modo interdùm ex fusco luteis varia......*, voilà pour tous les deux, ainsi que la phrase caractéristique : *testâ turritâ*, *cingulis nodosis immaculatis*, *labro sinu separato*. Il n'y a qu'un mot à remarquer dans cette caractéristique, *cingulis*, qui exclut tout rapport avec le *transversaria*.

Après avoir épuisé cette petite discussion incidente qui a pour objet d'appeler la défiance sur le synonyme Linnéen du *Pl. Javana*, Boiss., j'en viens à mon sujet et je copie une phrase de M Deshayes, l. c. : « il existe, dit-il, aux environs de Bordeaux et de Dax une grande et belle espèce

» de Pleurotome, qui n'est peut-être qu'une variété de celui » des environs de Paris ; nous ne l'admettons pas encore » comme analogue, parce que nous n'avons pas un assez » grand nombre de variétés qui puissent lier les deux types » principaux ».

J'ignore si M. Deshayes a ici en vue un fossile de Bordeaux et de Dax qui me serait tout-à-fait inconnu ; mais il est plus probable qu'il parle du *Pl. transversaria* de M. de Grateloup, que j'ai sous les yeux, de Dax et de Saucats, et que je puis comparer avec son analogue vivant et avec le vrai *transversaria* de Paris. Je raisonnerai donc dans cette dernière hypothèse, et j'applaudirai de toutes mes forces à la sage réserve qui a empêché M. Deshayes de considérer le fossile méridional et le fossile parisien comme variétés d'une même espèce. Je conviens qu'il est beaucoup plus facile d'apprécier leurs différences par une comparaison matérielle, que de les exprimer par les descriptions ; mais M. Deshayes n'avait peut-être vu alors qu'un petit nombre d'échantillons méridionaux, et je trouve en eux des caractères d'un ordre tel que M. Deshayes, dans ses excellentes descriptions de Pleurotomes, les a considérés comme indubitablement spécifiques.

1.° Le *ventre* de la coquille n'est pas à la même place. Le *Pl. transversaria*, comme le dit expressément M. Deshayes, est *tout-à-fait fusiforme*, c'est-à-dire que sa partie la plus renflée est exactement au milieu de sa longueur, en sorte que le dernier tour est plus allongé que la spire, même en faisant abstraction du prolongement complètement rectiligne du canal.

Dans l'espèce méridionale au contraire, le ventre est situé beaucoup plus bas, c'est-à-dire beaucoup plus près de l'origine du canal, d'où il résulte que la coquille est *subfusiforme* et non régulièrement fusiforme. Je ne veux pourtant pas dire par là, que la spire soit mathématiquement plus longue que le dernier tour, queue comprise; cela ne serait pas exact; mais je me crois suffisamment autorisé à n'accorder que très-peu de valeur spécifique à la longueur de la queue proprement dite dans les espèces à canal très-prolongé (*a*). Je veux dire seulement que le *facies* est tout différent, et que la spire de l'espèce parisienne paraît proportionnellement beaucoup plus courte et plus élargie, parce que la forme des tours est différente, et la forme de l'ouverture aussi, comme on va le voir dans l'énoncé du second caractère distinctif.

2.° En effet, dans l'espèce parisienne, le dernier tour est *conique*, en sorte que, depuis le tiers supérieur de sa longueur il va s'atténuant, presque sans inflexion, jusqu'au canal, tandis que dans l'espèce méridionale, il conserve sa forme également bombée jusqu'au canal, d'où il suit que la queue est, comme on dit, *subite*. Il résulte encore de là que l'ouverture, *lancéolée* dans la première espèce, est *ovale* dans la seconde.

3.° Le canal est plus large et la queue moins grêle dans *Javana* que dans *transversaria*.

4.° Enfin, la silhouette des tours de spire est complètement différente, parce que, sans nous occuper de leur carène, très-variable sous le rapport de sa saillie, la partie

---

(*a*) Mon grand individu vivant a 18 lignes du sommet de la spire à l'angle supérieur de l'ouverture, et exactement la même longueur de cet angle à l'extrémité, parfaitement conservée, de la queue. Le petit individu présente, pour la même mensuration, 11 et 13 lignes; un individu fossile de Dax, 12 et 16 lignes, et sa queue a perdu quelque chose; un autre individu de Dax et celui de Saucats ont la queue brisée au commencement du canal proprement dit. Mon *Pl. transversaria* de Paris, mesuré de la même manière, a 12 et 16 lignes (queue endommagée).

supérieure des tours, dans l'espèce parisienne, est un simple plan incliné qui aboutit sans ressaut à la suture supérieure; tandis que dans la nôtre, c'est une large gouttière dont le bord se relève en bourrelet avant d'atteindre la suture qui, ainsi, est *simple* dans le *transversaria*, manifestement et largement *bordée* dans le *Javana*.

Je ne parle point des stries de la queue, dont le système est aussi tout différent (égales dans *transversaria*, inégales et alternantes dans *Javana*); c'est un objet trop minime pour entrer dans la discussion des caractères spécifiques fondamentaux.

L'entaille ne me présente que des différences individuelles.

J'attache peu d'importance à la torsion de la queue, manifeste dans les deux individus vivants (comme dans la figure donnée par M. Kiener), nulle dans l'individu fossile entier que je possède, et qui paraît nulle ou presque nulle dans mes deux fossiles endommagés.

Toute strie transversale visible à l'œil nu cesse, dans les individus vivants, au-dessus de l'origine du canal. Dans l'individu entier de Dax, les stries remontent en s'affaiblissant, jusqu'à l'entaille du dernier tour; dans l'autre individu de Dax et dans celui de Bordeaux, elles envahissent toute la spire; caractères sans importance.

Dans les fossiles comme dans les vivants et comme dans le *transversaria* de Paris, les premiers tours de spire (abstraction faite du bouton terminal qui a disparu partout) ont la carène noduleuse, comme beaucoup d'autres espèces.

La couleur de mes deux individus vivants est le blanc d'ivoire, poli et brillant, sans aucune tache, et sans la moindre trace d'épiderme ou de drap marin. Examinés à l'aide d'une forte loupe, les tours et surtout leur bourrelet supérieur, offrent des traces presqu'effacées des stries transversales qui se sont mieux conservées sur le canal où elles sont beaucoup plus fortes. Je crois le petit individu roulé par la mer, et il serait possible que le grand eût été nettoyé artificiellement.

Après tous ces détails, il ne me reste plus qu'à donner une phrase caractéristique, modelée sur celle du *transversaria* de M. Deshayes, et qui, étendant un peu les caractères énoncés par M. de Grateloup, sera rendue applicable aux individus vivants.

Pl. testâ subfusiformi-turritâ infrà medium ventricosâ, transversìm plus minus (in fossilibus præcipuè) striolatâ striatâve, spirâ elongatâ acutâ; anfractibus (12-14, apicalibus crenatis) infernè convexis, supernè latè canaliculato-depressis rursùm antè suturam superiorem tumescentibus (undè suturæ marginatæ!); ultimo anfractu ventre subgloboso cum canali longo latiusculo non aut vix spirâ longiore; caudâ crassiusculâ, extùs striis alternantibus profundè sulcatâ (incrementalibus subdecussantibus); aperturâ ovatâ (non lanceolatâ), labro tenuissimo supernè latèque emarginato.

Nota.— Le *Pl. Javana* paraît très-voisin du *Pl. Chinensis* Bonelli; Bellard. et Michelott. Sagg. orittogr. n.° 1, p. 3, pl. 1, fig. 1 (1840). Je n'ose pourtant pas réunir ces deux espèces, parce que je n'ai pas vu celle de Turin qui, d'après la figure, paraît plus allongée, moins ventrue, plus profondément et plus régulièrement striée.

N.° 13. ***PLEUROTOMA STRIATULATA.*** Lam. foss. n.° 1. *non* Desh. Paris, T. 2, p. 513.

Pl. striatula (sic, an lapsu calami?) in coll. mus. reg. Parisiensis Julio 1840 à me vis.

Pl. fusus! Grat. Tabl. Dax, p. 315, n.° 308 (excl. synon. cæter.), *non* Hœningh.

Foss. de Dax et de Bordeaux.

Cette espèce, plus grande que la précédente, en est certainement voisine ; j'ai même hésité quelque temps à les distinguer spécifiquement. Cette hésitation a cessé quand j'ai eu constaté l'identité du *Pl. Javana* vivant avec son analogue fossile ; mais j'avoue que quand les individus ne sont pas très-bien conservés, il me reste encore quelquefois du doute sur leur place.

Le *Pl. striatulata* est plus voisin encore que le précédent du vrai *tranversaria* Lam., et l'on pourrait se demander si ce n'est pas lui que M. Deshayes a eu en vue dans la phrase que j'ai citée au sujet de l'espèce précédente ; je ne le crois pourtant pas, car l'espèce de Lamarck, qu'il a toujours séparée sans hésitation de son *transversaria*, est si bien connue, que M. Deshayes l'aurait certainement citée par son nom.

Le *Pl. virgo* étant manifestement carinifère, doit être exclu de toute comparaison avec l'espèce qui nous occupe.

Celle-ci est véritablement fusiforme ; son *ventre*, bien moins renflé proportionnellement que celui du *Pl. Javana*, occupe le milieu de sa longueur. Son ouverture est retrécie supérieurement (lancéolée), et le ventre du dernier tour va s'atténuant graduellement jusqu'au canal, en sorte que la queue n'est pas *subite*. Les tours sont à peine convexes, légèrement et largement déprimés dans leur partie supérieure, et sans renflement sutural appréciable, si ce n'est dans les jeunes individus. Les premiers tours de la spire ne sont pas crénelés.

Les stries transversales du dernier tour sont très-remarquables, fines, presqu'égales, très-nombreuses, onduleuses et comme frisées par l'intersection de celles d'accroissement, ce qui présente, à l'aide d'une forte loupe, le guillochage le plus élégant. Loin d'être sillonnée au dehors, la queue porte des stries plus faibles et plus rares que le ventre du dernier tour ; elle est presque lisse vers son extrémité qni est très-grêle. Le canal est plus étroit que celui de l'espèce précédente.

Voici sa phrase spécifique, construite comparativement avec celle du *Pl. Javana* :

Pl. testâ elongato-fusiformi, medio subventricosâ, transversim undiquè striatâ, striis numerosissimis tenuibus undulato-crispis, incrementalibus decussantibus; spirâ elongatâ acutâ; anfractibus (12-14, *apicalibus haud crenatis*) *infernè convexiusculis, supernè depressis vix excavatis* (*undè suturæ quasi simplices*); *ultimo anfractu ventre ovato cum canali longo angustiusculo spiram saltem æquante; caudâ crassiusculâ, extùs tenuiter striatâ, striis versùs extremitatem obliteratis* (*undè canalis sublævigatus*); *aperturâ lanceolatâ, labro tenuissimo supernè latèque emarginato.*

Longueur, environ 3 1/2 pouces pour les plus grands individus.

N.° 14. *PLEUROTOMA LONGIROSTRIS*. Grat. Tabl. Dax, p. 315. n.° 307, et Cat. Gir. p. 45. n.° 381.

Foss. de Dax. Je ne l'ai jamais vu des environs de Bordeaux.

C'est par un ancien envoi de M. Defrance ou de M. Dufresne qu'est venu à M. de Grateloup le synonyme qu'il cite : *Pl. oblita?* Defr. ; mais je ne connais de M. Defrance que ses articles du Dict. des sciences naturelles de Levrault ; et là, il donne le *Murex oblitus* de Brander, comme synonyme douteux du *Pl. Borsoni* Bast., qui est fort distinct de celui-ci. Je conviens que la figure de Brander, que j'ai vue chez M. de Grateloup, serait assez bonne pour le *Pl. longirostris*. Cette jolie coquille est extrêmement embarrassante. C'est exactement et dans tous ses caractères essentiels, la miniature du *Pl. striatulata* : seulement, il faut une bonne loupe pour y apercevoir des traces presqu'entièrement effacées de stries transversales, tandis que celles d'accroissement sont visibles à l'œil nu. Son test est si mince et sa queue tellement grêle que sur les 13 individus qui me restent aujourd'hui, il n'en est pas un que je puisse mesurer rigoureusement, quoique la plupart d'entr'eux aient conservé jusqu'à la pointe lisse que forment les trois premiers tours de spire. Je trouve aussi que le ventre du dernier tour est plus globuleux et que par conséquent la queue est plus subite ; à cela près de ce caractère et d'un *facies* indéfinissable, mais qui frappe tout d'abord, ce ne serait rigoureusement qu'une variété plus grêle, plus petite, plus mince, et complètement lisse à l'œil nu, du *Pl. striatulata.* Cependant je crois que, dans l'état actuel de nos connaissances, cette singulière espèce doit être conservée.

N.° 15. *PLEUROTOMA DETECTA.* Nob.

Foss. de Dax.

M. de Grateloup paraît avoir confondu cette espèce très-rare avec son *Pl. longirostris*, qui lui ressemble tellement lorsque les échantillons sont mêlés, qu'il faut une très-grande attention pour les distinguer ; et cependant c'est sur des caractères de première valeur que j'établis leur séparation.

1.° Au-dessous du bouton apical lisse, les cinq premiers tours de spire qu'on rencontre sont côtelés longitudinalement, et leurs côtes (restes du bord de l'entaille) se terminent, au bas du tour, par une grosse crénelure nodiforme. Les deux ou trois tours suivants n'ont plus de côtes, mais conservent les crénelures ; puis ensuite, les tours sont complètement simples et lisses.

2.° La queue, au lieu d'être grêle et au moins égale à la spire, est épaisse, manifestement plus courte, et pourvue d'un canal beaucoup plus large. Le canal, au lieu d'être droit, est infléchi à gauche.

3.° La queue est plus *subite* que dans l'espèce précédente, parce que le point le plus renflé du ventre du dernier tour est au-dessous de son milieu.

4.° L'entaille qui, dans les *Pl. transversaria, Javana, striatulata* et *longirostris*, a présenté constamment la même forme, la même position et la même grandeur proportionnelle, change ici de dessin : elle est moins profonde, partant moins étroite dans son fond, d'où il suit que les stries obliques qui marquent les accroissements sont ici plus rapprochées de la verticale que dans les 4 espèces précitées; d'où il suit encore que le bord droit (que je n'ai pas vu bien conservé, ni M. de Grateloup non plus) doit se prolonger beaucoup moins en arc de cercle en avant de l'ouverture.

5.° Enfin, le fond de l'entaille, qui, dans les quatre espèces dont je viens de parler, est situé *au tiers supérieur* de la hauteur des tours, c'est-à-dire, au-dessus de la carène ou du point le plus saillant de leur silhouette, occupe exactement ici *le milieu de la hauteur des tours.*

Ces caractères sont, je crois, incontestablement du premier ordre; et pourtant, chose étonnante, ils influent si peu sur le *facies* des individus, que si on vient à en mêler parmi des *longirostris*, on ne les distinguera pas à deux pieds de distance.— Voici la phrase caractéristique de cette espèce :

P. testâ elongatâ subfusiformi, infrà medium parùm ventricosâ, lævigatâ (nitidâ); spirâ elongatâ, acutissimâ; anfractibus planis (13-15), *apicalibus* 2-3 *lævibus*, 5 *sequentibus costatis*, 2-3 *consequentibus basi crenulatis, cæteris simplicibus; anfractu ultimo basi ventricoso vel subcarinato cum canali lato abbreviato spirâ breviore: caudâ crassâ extùs substriatâ; aperturâ latè lanceolatâ, infernè acuminatâ; labro tenui in medio anfractuum latè nec profundè emarginato.*

Longueur; 15-18 lignes.— Diamètre. 4-4 1/2 lignes.

N.° 16. *PLEUROTOMA PSEUDOFUSUS*. Nob.

Pl. buccinoides. Grat. Tabl. Dax, p. 316. n.° 310; *non* Lam. n.° 14.

Foss. de Dax et de Saucats près Bordeaux.

Cette curieuse espèce ressemble à s'y méprendre, de loin, au *Fusus buccinatus* Lam. n.° 34 (espèce vivante) ; mais elle en diffère essentiellement, puisqu'elle est un vrai Pleurotome à entaille à peine excavée : sa queue d'ailleurs est bien plus longue.— Elle a aussi beaucoup de ressemblance extérieure, comme le fait remarquer M. de Grateloup, avec le *Fusus buccinoides* Bast. (*Murex subulatus* Brocch., *Pleurotoma subulata*? M.el de Serres) ; mais elle en diffère par le caractère générique de l'entaille, par son ouverture plus large et non sillonnée à l'intérieur, par son bord droit non épaissi, etc. Malgré cela, il est très-vraisemblable que M. de Basterot a confondu les deux espèces ; sans quoi il n'eût pas omis de parler d'une coquille aussi grande et aussi abondante à Dax et à Saucats. M. de Grateloup qui, dans son Tableau des fossiles de Dax, dit qu'elle se trouve aussi à Bordeaux, l'a omise dans son Catalogue zoologique de la Gironde. Il a perdu de vue, lorsqu'il a établi cette excellente espèce, qu'il existe un Pleurotome vivant, du même nom, et complètement différent (*Pl. buccinoides* Lam., *Buccinum phallus* Gmel.), ce qui me force à changer le nom de l'espèce fossile.

P. testâ subfusiformi, infrà medium plus minùs ventricosâ, lævi (nitidâ) ; spirâ elongatâ, acutâ vel acuminatâ, anfractibus (circiter 12) planiusculis, superioribus costellatis transversìm substriatis, cæteris simplicissimis ; anfractu ultimo basi ventricoso vel subcarinato cum canali latissimo brevissimo spirâ breviore ; caudâ crassâ extùs profundè sulcatâ ; aperturâ latè lanceolatâ ; labro tenui in medio anfractuum vix emarginato.

Longueur des plus grands individus, 18-21 lignes.

Diamètre, 5-6 lignes.

Cette espèce, comme on le voit en comparant les descriptions, est, par ses rapports, très-voisine de la précédente et de la suivante; elle en diffère pourtant de la manière la plus notable, savoir :

a) de la première, par son *facies*, par ses tours qui n'étant pas complètement plats, ont l'air de rentrer les uns dans les autres comme les tubes d'une lunette, par son canal plus court et beaucoup plus large, et par la forme de son entaille si large et si peu profonde que ce n'est plus qu'une sinuosité, une inflexion du bord droit. Cette sinuosité pourtant conserve à tel point et répète si fidèlement sur les tours de spire le *facies* caractéristique d'une entaille de Pleurotome, qu'il est impossible de placer la coquille dans un autre genre.

b) de la seconde, par ses tours lisses et sans aucun vestige d'angle ou de carène, par son entaille encore plus élargie, encore moins excavée, et par sa forme générale moins cylindrique, en sorte que son *facies* est tout différent.

N.° 17. *PLEUROTOMA CARINIFERA.* Grat. Tabl. Dax, p. 317. n.° 312, et Cat. Gir. p. 45. n.° 384.

Foss. de Dax et de Bordeaux.

Quoique très-courte, la caractéristique donnée par M. de Grateloup pour cette excellente espèce, est si claire et si exacte, que je n'aurais point à en parler dans cette Révision, si l'auteur n'avait omis d'y faire mention de deux caractères fort importants dans les Pleurotomes, le *canal* et l'*entaille*.

1.° L'entaille est placée au-dessous de la carène des tours, c'est-à-dire *au milieu* de la hauteur de ces tours, exactement comme dans le *Pl. detecta* dont l'espèce qui nous occupe diffère par tous ses autres caractères. Encore faut-il dire que la similitude n'existe que dans la position et non dans la forme de l'entaille. Celle du *Pl. carinifera* est encore moins profonde que celle du *detecta*, en sorte que ce n'est presque plus qu'une large sinuosité du bord droit, d'où il résulte que ce bord ne peut que s'étendre fort peu en avant de l'ouverture, et qu'il est plus saillant vers la queue qu'aux parties supérieure et moyenne de l'ouverture : c'est ce que les stries d'accroissement font voir très-clairement ; mais le bord droit lui-même est si fragile, qu'il n'existe plus sur aucun des 31 échantillons que j'ai sous les yeux.

2.° Le canal et par conséquent la queue sont très-larges et si courts, qu'ils n'équivalent qu'à la moitié de la longueur de l'ouverture proprement dite, c'est-à-dire au tiers de la longueur totale du dernier tour, y compris la queue. Cette longueur totale, dans les individus bien conservés, égale la longueur de la spire, dont la forme est tantôt régulièrement turriculée, et tantôt rigoureusement acuminée. Cette variation dépend du renflement, très-variable lui-même, des derniers tours; mais toujours, le ventre de la coquille est plus bas que son milieu. Le canal bien conservé (et il l'est fréquemment), présente encore une particularité très-remarquable ; c'est que son extrémité est échancrée et légèrement relevée vers le dos comme celle de l'ouverture d'un Buccin.

Des détails que je viens de donner résulte l'éloignement réel des affinités indiquées par M. de Grateloup avec les *Pl. Borsoni* Bast. et *semimarginata* Lam. (ces deux noms sont synonymes!). Toutes les espèces de ce groupe se ressemblent, en gros, plus ou moins; mais le *Pl. carinifera*, toujours de petite taille, ne peut être comparé, même légèrement, qu'avec les très-jeunes individus de l'autre espèce, lesquels se distingueront toujours par la minceur relative de leur queue, par sa longueur toujours plus grande dans le jeune âge que dans l'âge adulte, et par la forme toute différente de leur entaille.

Voici la phrase caractéristique du *Pl. carinifera*, complétée dans l'énoncé de ses caractères :

Pl. testâ turritâ subfusiformi, infrà medium parùm ventricosâ, sublævigatâ vel obsoletè transversìm striatâ; spirâ longâ (turritâ vel acuminatâ); anfractibus supernè (ultimo supernè infernèque) acutiusculè carinatis, planiusculis (superioribus obsoletè crenulatis); anfractu ultimo subcylindraceo cum canali lato brevi spiræ vix æquali; caudâ latâ extùs striatâ; aperturâ ovato-rhombeâ; labro fragili (vix producto) in medio anfractuum sinu latissimo nec profundo emarginato; columellâ supernè callosâ.

N.° 18. *PLEUROTOMA JOUANNETII.* Nob.

Foss. de Mérignac près Bordeaux. *RRR.*

Espèce singulière à cause de son extrême ressemblance avec la précédente d'une part, et de l'autre avec le *Pl. pseudofusus*, dont il serait fort difficile de la distinguer si l'on ne faisait attention à la forme complètement différente et essentiellement caractéristique de l'entaille. Celle-ci est l'entaille normale, triangulaire, profonde, des Pleurotomes de la 2.me section.

La coquille est un peu plus petite et moins ventrue que le *Pl. pseudofusus*, et montre une tendance à présenter un renflement anguleux vers le sommet des tours (comme le *Pl. carinifera*). Le grand échantillon que je possède est si roulé, que je n'y vois plus les stries transversales qui existent sur le plus petit ; car cette espèce est si rare que je n'en ai que deux. M. Jouannet n'en possède qu'un seul, moins adulte et moins grand, mais aussi d'une conservation plus parfaite que celle des miens.

Je dédie cette espèce singulière et que je crois absolument nouvelle, au savant et vénérable auteur de la *Statistique de la Gironde*, qui a tant contribué par ses actives recherches, à l'étude approfondie de nos fossiles, et à l'honorable bienveillance de qui je suis, en particulier, redevable de tant de communications précieuses.

P. testâ elongato-subfusiformi, infrà medium vix ventricosâ, transversìm (constanter?) regulariter striatâ; spirâ longè acutâ, anfractibus (10-12) planis supernè vix in annulum suturalem tumescentibus; anfractu ultimo subcylindraceo basi attenuato cum canali lato brevi spirâ breviore; caudâ latâ, intortâ, extùs substriatâ; aperturâ angustè lanceolatâ; labro fragili (in arcum valdè producto) in medio anfractuum sinu profundo triangulari latè emarginato; columellâ supernè subcallosâ.

Longueur, environ 17 lignes (pointe cassée). Diamètre, 5 lignes.

N.° 19. *PLEUROTOMA SEMIMARGINATA*. Lam. *foss.* n.° 2.

Pl. Borsoni. Bast. p. 64, n. 5, pl. 3, fig. 2. A. B. Defr. Dict., p. 388.

Je crains qu'on ne m'accuse d'inconséquence, quand on verra qu'après avoir proposé de considérer comme distincts les *Pl. Javana, striatulata* et *longirostris* dont j'ai avoué que les limites sont quelquefois fort difficiles à reconnaître, je viens ici soutenir l'unité d'une espèce dont les variations extrêmes, considérées isolément, sembleraient presqu'inconciliables; mais lorsque j'ai mis de l'ordre dans ma collection de Pleurotomes, j'ai examiné, un à un, à la loupe, plus de cent échantillons de diverses localités et de tous les âges, depuis la dimension de 4 à 5 lignes jusqu'à celle de 3 pouces environ. Je ne crois pas qu'il existe une espèce aussi variable. Y aurait-il ici des hybrides? Sans la forme de l'échancrure, certains échantillons se placeraient dans le *carinifera*; d'autres se rapprochent des variétés du *calcarata*; d'autres enfin sont si élancées et si voisines de la forme fusoïde que, si on ne faisait attention aux caractères de premier ordre qu'offre leur queue, on serait tenté d'y chercher un passage vers le *striatulata*.

Mais au milieu de toutes ces variations, l'étude la plus attentive n'a abouti qu'à me faire reconnaître *deux* formes ou variétés principales qui conservent également les caractères essentiels de l'espèce, passent de l'une à l'autre par des nuances insensibles, et servent chacune de type à d'innombrables variations individuelles. Je divise donc en deux variétés A et B, l'espèce unique dont voici la caractéristique :

P. testâ subfusiformi ; infrà medium ventricosâ, lævigatâ vel obsoletissimè transversìm striatâ, spirâ longè acutèque conicâ ; anfractibus (12-14) *planis vixve medio depressis ad suturas ambas tumescentibus (undè tunc suturæ utrinquè marginatæ) ; anfractu ultimo (tùm subcylindracco basi carinato, tùm ovato basi rotundato) cum canali latissimo breviusculo leviter contorto basi dilatatâ haud emarginato spirâ subbreviore; caudâ crassissimâ extùs sulcatâ; aperturâ dilatatâ ovato-subrhombeâ; labro fragili basi valdè producto circà medium anfractuum latè profundèque emarginato; columellâ supernè callosâ.*

Longueur des plus grands individus, 2 pouces 8-10 lignes.

La règle générale est que la spire soit plus longue que le dernier tour, queue comprise. Cependant, sur la masse des individus que j'ai sous les yeux, il en est un très-petit nombre, particulièrement dans la var. B, où cette dernière longueur égale ou dépasse légèrement celle de la spire; individus d'ailleurs si semblables aux autres, qu'ils légitiment parfaitement le peu d'importance que j'attache à ces légères variations de proportion dans la queue. Tous d'ailleurs possèdent également ces caractères si marquants et qui ne se présentent dans aucune des espèces précédemment citées :

1.° de la callosité supérieure de la columelle, et du repli canaliforme de l'angle supérieur de l'ouverture, qui est la conséquence de cette callosité; 2.° de l'épaisseur et de l'élargissement terminal de la queue; 3.° du renflement de la columelle (produit par la torsion) vers la base de l'ouverture, d'où résulte un étranglement puis une dilatation sensible du canal. L'extrémité de celui-ci est légérement rebroussée vers le dos, mais son extrémité n'est pas réellement émarginée.

La forme variable de l'ouverture dépend de l'existence ou de la non-existence d'une, de deux et même de trois carènes à la base du dernier tour, variations indiquées par M. de Grateloup pour son *Pl. semimarginata*, sous les lettres *E* et *G*. On sent que les carènes ont pour effet de rendre l'ouverture anguleuse.

Il me semble que M. Dujardin n'a pas vu le vrai *Pl. denticula* Bast., car, dans son Mémoire sur les fossiles de la Touraine, p. 290, il parle de rapports qui existeraient entre lui et le *Pl. Borsoni* Bast. Le *denticula* appartient à la série de formes qu'on pourrait appeler *multicarénées*, et qui forment un groupe différent, par la plupart de ses caractères, du groupe à formes lisses ou simplement striées auquel appartient le *Borsoni*.

Voici les deux variétés primordiales que j'admets dans le *Pl. semimarginata* Lam.

Var. A. *anfractu ultimo basi rotundato*. Nob.

Pl. Borsoni. Grat. Tabl. Dax, p. 316. n.° 309, et Cat. Gir. p. 45. n.° 380.

Je regarde cette variété comme le type de l'espèce, bien que Lamarck ait eu principalement en vue ma var. B, dans la description de son *semimarginata*,

1.° Parce que l'aspect de la coquille est généralement plus régulier;

2.° Parce qu'elle offre des proportions plus constamment identiques;

3.° Parce qu'elle ne présente pas autant de sous-variétés dans les stries, dans le creusement des tours de spire et la saillie de ses bourrelets marginaux.

(Ces observations indiquent une forme plus constante, et partant plus typique).

4.° Parce que ses individus *adultes* sont beaucoup plus nombreux que ceux bien caractérisés de ma var. B.

5.° Parce que tous les individus *non adultes* sont plus ou moins carênés à la base du dernier tour, d'où je crois pouvoir conclure que c'est par une sorte d'arrêt de développement qu'ils se fixent définitivement à la forme anguleuse.

6.° Enfin, parce qu'effectivement sa taille, à l'état adulte, est presque toujours plus grande que celle de ma var. B.

Var. B. *Anfractu ultimo basi carinato*. Nob.

Pl. semimarginata. Grat. Tabl. Dax, p. 317. n.° 311, cum var. ejusd. cl. auctoris B, C, D, E, G, (excludendæ A ad var. A meam, et F. ad *Pl. calcaratam* meo sensu referendæ), et Cat. Gir. p. 45. n.° 383.

N.° 20. *PLEUROTOMA CALCARATA*. Grat. Tabl. Dax, p. 323, n.° 325.

Pl. tuberculosa Grat. Cat. Gir. p. 45. n.° 385. *non* Bast.

Je ne pense pas que cette espèce très-singulière doive être citée comme voisine des *Pl. spinosa* Defr. et *tuberculosa* Bast. Les épines sont un caractère tout extérieur et superficiel; les caractères essentiels de ces espèces sont notablement différens.

Le *Pl. calcarata*, parfaitement décrit par M. de Grateloup (à l'exception des mots *caudâ prælongâ* qui ne lui conviennent que par comparaison avec les *Pl. spinosa* Defr. et *tuberculosa* Bast.), a son type très-abondant dans les faluns bleus et jaunes d'Orthez, et rare, d'après M. de Grateloup, dans les faluns bleus de Saint-Jean-de-Marsac près Dax. J'en possède un seul individu, fort petit, de Mérignac, et un seul individu, très-grand (mais donnant lieu à quelques doutes), de Léognan.

Le *Pl. calcarata* est tellement ressemblant à la var. B du *semimarginata* que, vu peut-être l'état d'imperfection des six échantillons que j'ai sous les yeux, il m'est impossible de lui trouver d'autres caractères différentiels que ceux-ci :

1.° Coquille plus fusiforme, parce que la queue est un peu plus longue, et la spire plus courte, plus renflée dans ses 3 ou 4 derniers tours, d'où il suit que cette spire est plutôt *acuminée* que *conique*.

2.° Spire un peu plus courte que le dernier tour, queue comprise, dans les individus bien caractérisés.

3.° Longueur sensiblement moindre (1 pouce et demi tout au plus) pour les individus adultes.

4.° Une carène ou bourrelet à la partie supérieure des tours, lequel bourrelet est garni d'une rangée d'épines courtes et aiguës, réduites quelquefois par le frottement à des nodosités obtuses et obscures qui s'effacent quelquefois jusqu'à rendre la spire vraiment mutique.

Ce dernier caractère est si singulier qu'il me détermine, non sans quelque hésitation, à retirer de mon *Pl. semimarginata* var. B, mon grand échantillon unique (2 pouces) de Léognan, qui répond au *Pl. semimarginata* var. F *anfractibus majoribus subspinosis* de M. de Grateloup, pour le placer dans le *Pl. calcarata* qui offre ainsi des variations de formes tout-à-fait correspondantes à celles du *semimarginata*. J'y suis autorisé, ce me semble, parce qu'un de mes individus-types, d'Orthez, a le dernier tour arrondi à la base, tandis qu'il est rehaussé, dans l'autre, de *deux* carènes basales *spinuleuses*, comme mon individu de Léognan.

Celui-ci a la spire parfaitement conique et non acuminée, plus longue d'une demi-ligne que le dernier tour, queue comprise. Tous ses tours de spire (les premiers exceptés, qui sont frustes) sont garnis supérieurement d'une rangée de nombreuses épines très-courtes, mais remarquablement aiguës; et à la base du dernier tour il y a deux carènes décroissantes qui portent des épines semblables. Enfin, à l'origine de la queue, il y en a un 3.e rang faiblement indiqué; mais à cela près de toutes ces épines, ce bel et précieux individu serait rigoureusement un *semimarginata* var. B.

M. de Grateloup (Cat. Gir. p. 45. n.° 385) mentionne le *Pl. tuberculosa* Bast., auquel il donne pour synonyme le n.° 325 de son Tabl. des fossiles de Dax. Or, ce n.° 325 est précisément le *Pl. calcarata*. Il résulte de là, 1.° que M. de Grateloup réunit comme moi la rare variété *conique* de Léognan à la forme type du bassin de l'Adour; 2.° que c'est par inadvertance qu'il a rapproché le *Pl. tuberculosa* Bast., si exactement figuré, d'une espèce qui appartient à une autre *forme* du genre. J'ajoute en terminant que le *Pl. calcarata* a la suture simple comme le *semimarginata*, et non canaliculée comme le *tuberculosa* Bast.

N.° 21. ***PLEUROTOMA GLABERRIMA***. Grat. Tabl. Dax, p. 318. n.° 315.

Fossile de Dax et d'Orthez.

Var. A. *nodis verticalibus*. Grat. coll. (1842).
B. *nodis obliquis*. Grat. coll. (1842).

Je ne parle de cette espèce que je crois fort distincte de toutes les autres, que pour dire que si effectivement on peut trouver quelque léger rapprochement entre ses crénelures et celles du *Pl. bicatena* Lam., il n'existe entre ces deux Pleurotomes aucune autre espèce de rapports. C'est, au reste avec son *Pl. bicatena*, dont il sera question ci-après au n.° 31, et non avec celui de Lamarck, que M. de Grateloup le comparait; et quant au *Pl. catenata* Lam., espèce fort rare de Paris, que je possède en très-bon état, il est encore bien plus éloigné du *glaberrina* par tous ses caractères.

N.° 22. *PLEUROTOMA CONCATENATA*. Grat. Tabl. Dax, p. 318. n.° 314.

Pl. turbida (fossil.). Explication de la pl. 439 de l'Encycl. méth. fig. 7, *non* Lam. n.° 5 (esp. viv.).

Remarquons bien que c'est ici le *Pl. turbida* de la pl. 439 de l'Encyclopédie, et non celui de la pl. 441 qui est tout différent. Ce dernier est celui de Lamarck, an. s. v., dont j'ai parlé sous le nom plus ancien de *Pl. cataphracta* var. B. Brocch. Ainsi, il faut supprimer le synonyme de Lamarck cité par M. de Grateloup pour son *concatenata*.

Ayant travaillé cette espèce, en Avril 1842, avec M. de Grateloup, nous sommes convenus de la diviser en deux variétés, savoir :

Var. A. *conico-elongata* (*basi cancellatâ*). Foss. de Dax.

Var. B. *cylindrica* (*basi sublævigatâ, testâ minore, carinâ anfractuum eminentiore*). — *Pl. gradata?* Defr. Dict. sc. nat. (indiqué aux environs de Bordeaux). — Foss. de Mérignac près Bordeaux. Mes échantillons ne sont ni assez nombreux ni assez bien conservés pour que j'ose maintenir la coquille de Mérignac au rang d'espèce distincte.

N.° 23. *PLEUROTOMA SPINOSA*. Defr. Dict. p. 395. *non* Grat.

Pl. tuberculosa, var. a. Bast. p. 63. n.° 1 (non figuré!).

Pl. asperulata! Grat. Tabl. Dax, p. 321, n.° 322, et Cat. Gir., p. 46, n. 386.

Pl. rustica ! Grat. Tabl. Dax, p. 321, n. 321, *non* Brocch.

Foss. de Dax. *R.* à Bordeaux.

Je me suis assuré, dans la collection de M. de Grateloup, de l'identité spécifique de ses *Pl. asperulata* et *rustica* avec la coquille que je regarde comme le *Pl. spinosa* Defr.; mais je n'avais plus alors sous les yeux la figure du *Pl. rustica* Brocch. Si ma mémoire n'est pas complètement infidèle, cette figure n'est nullement applicable à la coquille dont il s'agit.

Selon M. de Grateloup, le *Pl. spinosa* de M. Defrance serait mon *asperulata;* mais je ne puis admettre cette assimilation, puisque M. Defrance ne pouvait pas ne pas connaître l'*asperulata* Lam. et le *tuberculosa* Bast. (si bien figuré), et qui sont maintenant reconnus pour identiques. M. Defrance ne peut donc pas avoir inscrit cette même espèce sous un troisième nom (*spinosa*), dans le Dictionnaire des Sciences naturelles, tandis qu'il a pu légitimement l'établir pour la var. *a* du *tuberculosa* Bast., qui, d'après la description même de M. de Basterot, diffère spécifiquement de son type. Aussi suis-je parfaitement convaincu qu'il n'a pas fait figurer cette var. *a*, et que ce serait absolument à tort qu'on lui rapporterait les dessins A ou B de la figure 11, pl. 3, du Mémoire de M. de Basterot.

N.° 24. *PLEUROTOMA TURRIS*. Lam. foss. n.° 4. (1822). — Grat. Tabl. Dax, p. 320, n.° 319, et Cat. Gir. p. 46, n.° 403. — Encycl. méth. pl. 441, fig. 7. *a*, *b*.

Pl. interrupta ! (Murex) Brocc., p. 433, n.° 59, pl. 9, fig. 21, optim. (1814). — Desh. Encycl. méth. t. 3, p. 795, n.° 9 — *Non* Lam. !

Foss. de Dax, de Bordeaux et d'Italie.

La fig. 8 de l'Encycl. n'est citée que par erreur typographique dans le *Tableau* de M. de Grateloup ; elle appartient au *Pl. turbida* Lam. (*cataphracta,* Brocch. var. B).— C'est aussi par erreur que, dans le même ouvrage, le *Pleurotome tour de Babel* Blainv. Man. Malac., pl. 15, fig. 3, est cité comme synonyme du *Pl. turris,* Lam. Le nom et la figure appartiennent au *Pl. Babylonia*, Lam., espèce vivante et entièrement distincte.

J'ai à me justifier ici du reproche qu'on pourrait m'adresser sur l'adoption d'un nom de 1822, au préjudice d'un nom de 1814 ; et, à ne considérer que l'espèce qui nous occupe, M. Deshayes a agi avec toute justice en restituant le nom de Brocchi au *Pl. turris,* Lam., puisqu'il ressort incontestablement des deux figures citées, que ces deux noms se rapportent à une seule et même espèce (dont j'ai sous les yeux des échantillons Bordelais, Dacquois et Piémontais). Mais en faisant cet acte de justice partielle, M. Deshayes a perdu de vue qu'il existe aussi, de cette même année 1822, un *Pl. interrupta*, Lam., n.º 6, vivant et qui, comme on peut le voir dans la belle Iconographie de M. Kiener, n'est point l'analogue de l'espèce fossile. M. Deshayes lui-même dit positivement dans l'Encyclopédie (l. c.) que l'analogue vivant de son *Pl. interrupta* n'est pas connu. Si donc on adoptait le nom de Brocchi, il faudrait changer celui de Lamarck, et nous aurions ainsi deux changements au lieu d'un dans un ouvrage qui, étant le seul *species* général publié jusqu'ici, doit être respecté autant que possible dans sa nomenclature. puisqu'il sert de base à tous les travaux conchyliologiques modernes ; M. Deshayes a lui-même exprimé ailleurs cette opinion.

Je pense donc qu'en cette occasion, les droits incontestables de Brocchi doivent être sacrifiés.

La belle espèce dont il est ici question, acquiert en Italie une taille bien plus grande que dans nos dépôts. Elle est extrêmement variable dans ses proportions et dans le dessin de ses ornements ; difficulté parfois désespérante, qui se retrouve fréquemment dans les espèces du genre Pleurotome.

N.° 25. ***PLEUROTOMA DENTICULA.*** Bast., p. 63, n.° 3, pl. 3, fig. 12. — Defrance, Dictionnaire, p. 396. — Grat. Tabl. Dax, p. 320, n°. 318, et Cat. Gir., p. 46, n.° 388.

Foss. de Bordeaux et de Dax.

J'avais considéré ce Pleurotome comme une forme plus petite du *Pl. monile,* Brocchi ; mais après avoir travaillé ces espèces avec M. de Grateloup, sur de bons et nombreux échantillons de Dax, je me suis rendu à son opinion, et je les admets maintenant comme distinctes.

N.° 26. ***PLEUROTOMA MONILE.*** Brocch. (*Murex monile*), p. 432. n.° 57. pl. 8. fig. 15. — Defr. Dict. p. 391. — Grat. Tabl. Dax, p. 319. n.° 317 (excl. synonym.), *non* Valenc. *in* Kien. Pleur. p. 52. n.° 31. pl. 15. fig. 3.

Foss. d'Italie et de Dax.

Il faut écarter les synonymes donnés par M. de Grateloup ; la plupart appartient aux *Pl. tigrina* et *marmorata*, espèces vivantes dont les analogues fossiles ne sont pas connus.

J'avais considéré le *Pl. monile* (de Dax), comme intermédiaire aux deux variétés du *Pl. rotata* Brocch ; mais après avoir étudié, avec M. de Grateloup, dans sa collection, de nombreux échantillons de Dax, je me rends à son opinion, fondée sur la différence constante de forme des granulations (arrondies et obtuses dans *monile*, obliques et presque *pointues* dans *rotata*), pour retirer la coquille de Dax du nombre de variétés du *rotata*, et la réunir au *monile* d'Italie, en séparant celui-ci du *denticula* Bast. à cause de sa spire plus conique et moins cylindroïde, et de sa queue bien plus longue.

L'espèce vivante et complétement différente, à laquelle M. le professeur Valenciennes a donné le nom de *monile*, doit en recevoir un nouveau. Je propose de lui donner celui de M. le docteur Quoy qui l'a découverte (voir ci-après, n.° 51).

N.° 27. ***PLEUROTOMA ANGULATA.*** DONOVAN. (*Murex angulatus*), Brit. Shells, T. 5. pl. 156 (1802). — Kien. Pleur. p. 74. n.° 51. pl. 26. fig. 4.

Murex turricula. Mat. et Rack. Catal. p. 144. n.° 7 (1804). — Montagu, test. Brit. p. 262. pl. 9. fig. 1 (1804) — Pulten. Dorset., p. 43. pl. 14. fig. 15 (1813). — Turton. Conchyl. p. 93 n.° 14 (1822); *non* Brocch.

Pleurotoma turricula. Blainv. Faun. franç., p. 104, n.° 18. — Bouchard-Chantereaux, cat. Moll. mar. Boulonn. p. 61, n.° 109 ; *non* Defr. *nec* Grat.

Hab. — Côtes de la Manche.

Je l'ai reçu de Boulogne-sur-Mer, envoyé par M. Bouchard. M. de Blainville, le premier, l'a placé dans le genre Pleurotome; mais il a fallu faire disparaître un double emploi de noms entre cette espèce et le *Murex turricula* Brocch. (*Pl. turricula* Defr.), et c'est ce qu'a fait M. Kiener au moyen du nom donné par Donovan, dès 1802, à cette coquille. Montagu lui a donc donné, en 1804, un nom illégitime (*turricula*), qui, par cela même, était disponible quand Brocchi l'a employé, en 1814, pour un fossile tout différent.

Cette espèce n'est point l'analogue vivant du *Pl. clavula* Dujard. foss. tert. Tour. n.° 12. Je n'ai pas, en nature, cette dernière espèce, que M. Dujardin n'a pas figurée ; mais j'en juge par la comparaison de la description avec mes individus vivans, et je crois devoir la rapporter, de préférence, au *Pl. costulata*. (Voir ci-après, n.° 38).

N.° 28. ***PLEUROTOMA SQUAMULATA*** ? Brocch. (*Murex squamulatus*), p. 422, n.° 43, pl. 8, fig. 13.

Pl. Bonellii! Bellardi (ex spec. ab ipso cl. auct. comm.)

Foss. d'Italie.

Je me borne à proposer ce rapprochement dont la justesse me semble très-probable ; dans le cas où il serait fondé, Brocchi n'avait connu que de très-jeunes individus de cette charmante espèce.

N.° 29. ***PLEUROTOMA UNISERIALIS.*** Desh., Paris, n.° 24, p. 458, pl. 63, fig. 1, 2, 3.

Pl. undata. Bast. p. 64, n. 7 (non figuré). — Grat. Tabl. Dax, p. 831, n.° 347, et Cat. Gir. p. 46, n.° 394.— Defr., Dict. p. 393 (pro parte). — *Non* Lam. *nec* Desh.

Foss. de Dax, *C*, et de Bordeaux, *R*.

La conservation assez fréquente des couleurs a sans doute induit M. de Basterot en erreur, à une époque où M. Deshayes n'avait pas publié ses admirables descriptions des Pleurotomes de Paris. Je ne vois, dans notre coquille méridionale, qu'une faible variation à stries transversales plus robustes et à côtes longitudinales un peu moins marquées, du *Pl. uniserialis* de Paris.

N.° 30. ***PLEUROTOMA UNDATA*** ? Lam. foss. n.° 14. Desh., Paris, n.° 22, p. 456, pl. 63, fig. 11, 12, 13 et pl. 64, fig. 21, 22, 23.

Foss. de Dax et de Bordeaux, *RR*.

C'est avec doute que, ne possédant pas, en nature, l'espèce parisienne, j'y rapporte, d'après les figures et les descriptions, un échantillon unique (bordelais !) de ma collection, et un petit nombre d'échantillons de Dax dont j'ai fait le triage avec M. de Grateloup, qui les avait laissés parmi ceux de l'espèce précédente. Il est très-probable que M. de Basterot aura fait le même mélange ; car les deux espèces sont peu éloignées l'une de l'autre par l'ensemble de leur structure, et on ne peut pas présumer que l'espèce la plus rare ait servi de type à son *Pl. undata*, puisque l'autre est si commune dans la localité où il l'a décrite.

N.° 31. ***PLEUROTOMA PANNUS.*** Bast. p. 63, n.° 2. Grat. Tabl. Dax, p. 331, n.° 346 !

Pl. bicatena ! Grat. Tabl. Dax, p. 319. n.° 317 ; *non* Lam. *nec* Desh.

Foss. de Dax et de Bordeaux.

C'est en travaillant avec M. de Grateloup, en Avril 1842, sa belle collection de Pleurotomes de Dax, que nous nous sommes accordés à reconnaître l'identité spécifique de ses *Pl. pannus* et *bicatena*. Il n'y a qu'une légère variation dans la force des granulations. -- Le *Pl. bicatena* Lam. diffère complètement de l'espèce méridionale !

N.° 32. ***PLEUROTOMA BASTEROTI.*** Nob.

Pl. turrella, var. B. Bast. p. 64. n.° 9 (non figuré). — Grat. Tabl. Dax, p. 332. n.° 348, et Cat. Gir. p. 46. n.° 404.

Pl. turrella. Defrance. Dict. p. 390 (pro parte).

Non Pl. turrela., Lam. et Desh.

Foss. de Dax et de Bordeaux.

Le *Pl. turrella* n'est cité qu'aux environs de Paris par Lamarck et M. Deshayes. Tous les autres auteurs ont confondu avec lui une coquille qui, pour peu qu'on le soumette à l'examen comparatif d'une faible loupe, s'en montre totalement distincte, 1.° par ses proportions différentes (11 et 4 mill. pour l'espèce parisienne, 16 et 4 mill. pour l'espèce méridionale) ; 2.° par sa queue proportionnellement plus courte ; 3.° par sa spire beaucoup plus longue, qui porte le ventre de la coquille au-dessous du tiers de sa longueur (tandis qu'il est seulement au-dessous de la moitié dans l'espèce parisienne) ; 4.° par le nombre de ses tours de spire (12 environ au lieu de 6 ou 7), d'où résulte un port tout différent et beaucoup plus effilé ; 5°. par sa suture canaliculée ; 6.° par les deux carènes de ses tours, placées différemment, c'est-à-dire la plus faible vers la suture supérieure, la plus forte vers le bas du tour ; 7.° par l'épaisseur constante, le relief et la régularité des stries verticales (solides obtuses, et luisantes, non lamelleuses et fragiles), qui forment le treillissage des tours ; 8.° par la forme des tours, planes et non convexes.

Voici, modelée sur la caractéristique que M. Deshayes assigne à l'espèce parisienne, celle de l'espèce méridionale que je me fais un plaisir de dédier à M. de Basterot. A l'époque où cet auteur écrivait (1825), les rapports de la géologie et de la zoologie étaient encore fort peu connus : on voulait à toute force retrouver partout les espèces de Lamarck, au moins dans les terrains tertiaires, et l'on ne saurait, sans injustice, reprocher aux paléontologistes d'alors, des assimilations fautives qu'ils auraient indubitablement évitées quelques années plus tard.

Pl. testâ elongato-turritâ, eleganter transversìm striatâ, striis validis regularibus obtusis (solidis, nitidis) decussatâ ; spirâ acutissimâ (nec acuminatâ) ; ultimo anfractu cum caudâ brevissimâ tertiam partem testæ æquante ; anfractibus planis, carinis duabus validissimis (inferiori majore) instructis ; aperturâ minimâ, angustâ ; labro tenui, fragili, fissurâ latâ nec profundâ.

N.° 33. ***PLEUROTOMA TURRICULA.*** Brocch. (*Murex turricula*), p. 435, n.° 61, pl. 9, fig. 20 (1814). — Defr., Dict. p. 390. — *Non* Blainv. Faun. franç. *nec* Grat.

Non *Murex turricula*, Montagu (1804).

Foss. du Plaisantin et de Perpignan.

Cette espèce n'a été vue, jusqu'à présent, ni à Dax, ni à Bordeaux. Celle ainsi nommée par M. de Grateloup rentre dans les nombreuses formes de l'*asperulata !* Lam. — J'ai expliqué, sous la rubrique du *Pl. angulata*, n.° 27, par par quelle raison le *Murex turricula* Brocch. doit conserver son nom spécifique plus nouveau de dix ans, au préjudice du *M. turricula* Montagu.

N.° 34. ***PLEUROTOMA COMARMONDI.*** Michaud, descr. coq. nouv. *in* Bull. Soc. Linn. Bordeaux, T. 3, p. 263, pl. uniq., fig. 6 (1829). — Kien. Pleur. p. 68, n.° 45, pl. 24, fig. 2.

Pl. oblonga (*Murex oblongus*), var. *exquisitè transversìm striata.* Brocch. n.° 54. p. 430. pl. 9. fig. 19 (*optima!*), et suppl. p. 664.

Hab. L'Adriatique (Renieri), la Méditerranée à Cette et à Agde (Michaud !). — Foss. d'Italie !

Quelques paléontologistes italiens paraissent avoir confondu l'analogue fossile de cette jolie espèce avec le *Pl. costellata* Lam., dont elle diffère par sa forme plus amincie, par sa spire évidemment plus longue que le dernier tour, par sa queue plus grêle, etc., ou avec le *Pl. costellata* Bast. (*Pl. Milletii*, Soc. Linn. Par., ci-après, n.° 54) qui est du groupe *Defrancia*, tandis que le *Comarmondi* et le *costellata* Lam. sont des *Pleurotomes* proprement dits.

Brocchi, après avoir eu l'intention de décrire ce fossile comme espèce distincte, se méprit sur la valeur des caractères spécifiques, au point de la prendre pour une variété de son *Murex oblongus* qui n'est pas de la même section du genre.

L'échantillon fossile du Piémont, que j'ai sous les yeux, est l'analogue aussi parfait que possible de l'espèce vivante (que je tiens de M. Michaud lui-même !).

N.° 35. ***PLEUROTOMA VULPECULA.*** Renieri (*Murex vulpeculus*) Cat. Adriat. (1804).— Brocch. (*Murex vulpeculus*) p. 420. n.° 40 (typus), pl. 8, fig. 10, optima.— *Non* Grat.

Fusus harpula. Dub. de Montpér. Conch. plat. Wolh. Podol. p. 31. pl. 1. fig. 47, 48 ; *non* Brocch. *ne* Desh. (ex iconibus).

Hab. L'Adriatique (Renieri).— Foss. d'Italie.

Il faut bien comprendre qu'il ne s'agit ici que du *type* de Brocchi, car sa var. B. *costis rarioribus* constitue le *Pl. glabella* Bonell. — Il est encore douteux pour moi que le vrai *vulpecula* appartienne réellement au genre Pleurotome. Brocchi l'a placé dans le groupe de ses *Murex* qui répond aux Fuseaux de Lamarck, et je ne vois pas, dans l'échantillon envoyé du Piémont par M. Bellardi, que l'échancrure du bord droit soit bien caractérisée.

M. Dubois de Montpéreux a copié *textuellement* la caractéristique assignée par Brocchi à son *Murex harpula*, et il dit que ses exemplaires ressemblent entièrement, sauf leur petite taille, à ceux de Brocchi; mais la figure qu'il publie répond exactement (abstraction faite aussi de la taille), à la figure et à la description que Brocchi donne du *Murex vulpeculus* Renier.

N.° 36. *PLEUROTOMA GLABELLA.* Bonelli.

Murex vulpeculus, var. *costis rarioribus* Brocch. p. 420, n.° 40. pl. 8 fig. 11, optima!

Pl. vulpecula. Grat. Tabl. Dax, p. 333. n.° 351.

Foss. d'Italie, de Dax (*R*) et de Mérignac près Bordeaux (*RR*)?

Cette espèce dont je possède un échantillon piémontais envoyé par M. Bellardi, est tellement voisine du *Pl. Villiersii* Mich., que je l'eusse prise pour son analogue fossile, si la coquille vivante n'était parfaitement lisse (ornée seulement de lignes colorées), tandis que, dans la fossile, le test est véritablement strié, à stries creuses, capillaires, serrées et d'une parfaite régularité sur toute son étendue.

J'exprime un doute sur l'identité des deux échantillons, très-petits et très-imparfaits, que m'ont fourni les faluns de Mérignac.

N.° 37. *PLEUROTOMA VILLIERSII.* Michaud, Descr. coq. nouv. *in* Bull. Soc. Linn. Bordeaux, T. 3. p. 262. pl. uniq. fig. 4, 5 (1829). — Kien. Pleur. p. 80. n.° 57. pl. 27. fig. 1.

Murex attenuatus. Montagu, test. Brit. p. 266. pl. 9. fig. 6 (1804). — Mat. et Rack. Catal. p. 143 n.° 3 (1807).

Murex aciculatus. Lam. n.° (66 1822). — Des Cherres, Cat. test. mar. du Finist. *in* Act. Soc. Linn. Bordeaux, T. IV. p. 51 (1829).

Pleurotoma attenuata. Blainv. Faun. franç. p. 102. n.° 14 (18...?) Bouchard-Chantereaux, Cat. Moll. mar. Boulonn. p. 61. n.° 110. — *Non* Desh. Paris, *nec* Dujard. Tour.

Hab. Côtes de l'Océan et de la Méditerranée.

M. de Blainville (j'ignore l'année précise de la publication de ce cahier de la Faune française), agit en toute justice en rendant à cette jolie petite espèce un nom qui datait d'une trentaine d'années ; mais M. Michaud, qui avait commis deux doubles emplois en ne rapportant la sienne ni au *M. attenuatus* des Anglais, ni au *M. aciculatus* Lam., a été le premier, je crois, à la placer dans son véritable genre, observation qui est loin d'être sans mérite, car la coquille est d'un *facies* très-problématique. On n'eût pas pensé peut-être à contredire celui qui l'eût placée parmi les Fuseaux, tandis qu'assurément, sans sa cécité, l'illustre Lamarck n'en eût jamais fait un *Murex*, et M. Michaud n'a pas même dû songer à la chercher dans ce genre.

Jusqu'ici, tout est en faveur du nom adopté par M. de Blainville. Mais, dans l'intervalle probablement, M. Deshayes avait publié un *Pl. attenuata* fossile de Paris [j'ignore la date précise de l'apparition de la livraison : l'ouvrage entier est de 1824-37]. Dans l'incertitude de la véritable priorité entre M. Deshayes et de Blainville, et pour ne pas priver M. Michaud du fruit de sa juste appréciation du genre, je m'étais déjà déterminé à proposer la conservation du nom de *Villiersii ;* et j'ai vu avec beaucoup de plaisir que M. Kiener (quoique sans rendre raison de ses motifs) est arrivé au même résultat que moi. Il donne aussi pour synonyme le *Murex aciculatus* (imprimé *articulatus* par erreur) Lam.

N.° 38. *PLEUROTOMA COSTULATA*. Risso.— Blainv. Faun. franç. pl. 4. fig. 6, 6 *a*.— Kiener, Pleur. p. 78. n.° 55. pl. 25. fig. 2.

Murex costatus. Pennant, Brit. zool. T. 4, pl. 79 in angul. sup. sinist.— Mat. et Rack. Catal. p. 144. n.° 5.— De Gerville, Catal. coq. Manche, *in* Mem. Soc. Linn. Calvad. T. 2, p. 208. n.° 4.

Pleurotoma clavula ? (Fossil.) Dujard. foss. tert. Tour. p. 291. n.° 12 (non figuré).

Hab. Côtes océaniques de France. J'en possède un individu roulé, devenu tout blanc, trouvé sur la côte du Vieux-Soulac (Gironde).

J'écris *costulata*, d'après M. Kiener, mais avec hésitation; car on ne peut pas avoir une confiance aveugle dans l'exactitude typographique de cet ouvrage si beau par ses planches, et les auteurs anglais, ainsi que M. de Gerville, écrivent *costata* : quant aux ouvrages de MM. Risso et de Blainville, je n'ai pas les moyens de les consulter.

Il me semble, d'après les individus vivants que je possède, et d'après les descriptions des fossiles, que c'est ici et non au *Murex turricula* des Anglais qu'on doit rapporter le synonyme de M. Dujardin.

N.° 39. *PLEUROTOMA HARPULA*. Brocch. (*Murex harpula*) p. 421. n.° 41 (typus), pl. 8. fig. 12; *non* Desh. *nec* Valenc. *in* Kien.

Foss. d'Italie.

Ce Pleurotome doit, en tout état de cause, conserver le nom qu'il a reçu de Brocchi, et je ne suis heureusement pas forcé de changer celui de M. Deshayes, puisque cet auteur lui-même, reconnaissant dans son espèce parisienne le *Fusus citharellus* Lam., a déclaré (coq foss. Paris, T. 2, p. 513), que la coquille qu'il avait récemment nommée *Pl. harpula* devait prendre à l'avenir le nom de *Pl. citharella*. Et en effet, l'espèce italienne et celle de Paris sont distinctes.

De même que M. Deshayes, M. Valenciennes a perdu de vue l'existence du *Pl. harpula* Brocch., lorsqu'il a donné ce même nom à une espèce vivante de la Nouvelle-Hollande, rapportée par l'*Astrolabe*. Cette dernière espèce, figurée par M. Kiener (Pleur. p. 58, n.° 36. pl. 18. fig. 3), devra changer de nom. Je propose pour elle celui de *Pl. harpularia*.

N.° 40. *PLEUROTOMA EBURNEA*. Bonelli.

Murex harpula, var. *glaberrima*. Brocch. p. 421. n.° 41 (non figuré).

Foss. d'Italie.

Brocchi, lui-même, avait très-justement pressenti qu'on séparerait spécifiquement cette coquille du type de son espèce.

N.° 41. *PLEUROTOMA DUJARDINII*. Nob.

Pl. attenuata. Dujard. foss. tert. Tour. p. 291. n.° 9. pl. 20. fig. 22, *non* Blainv. Faun. franç., *nec* Desh. Paris.

Foss. de la Touraine ! et de Mérignac, près Bordeaux ?

J'exprime un doute sur l'identité de l'échantillon très-petit et très-endommagé que j'ai recueilli à Mérignac.

Quant au nom imposé par M. Dujardin, il est de 1837, et doit par conséquent être postérieur à celui de M. Deshayes qui a terminé entièrement dans cette même année, la publication de son grand ouvrage (voir ci-dessus, n.° 37, pour la non-adoption du *Pl. attenuata* de M. de Blainville).

N.° 42. *PLEUROTOMA RUFA*. Montagu (*Murex rufus*), test. Brit. p. 263. — Mat. et Rack. (Murex) catal. p. 145, n.° 8. — De Gerville (Murex), catal. coq. Manche, *in* Mém. Soc. Linn. Calvados, tom. 2, p. 209, n.° 7.

Non *Murex rufus*. Lam. n.° 17.

Pl. nigra. Pot. et Mich. Gal. Moll. Douai, t. 1, p. 446, n.° 21, pl. 35, fig. 5, 6.

Hab. côtes de France et d'Angleterre.

Je dois à M. Laporte aîné, de la Soc. Linn. de Bordeaux, la possession d'un bel individu recueilli sur les côtes de la

Gironde (à la Teste probablement). — Les cinq individus que j'ai sous les yeux n'ont que 12-14 côtes bien distinctes ; mais je les crois encore en voie d'accroissement.

C'est par inadvertance que M. de Gerville a donné pour synonyme à cette petite espèce de Pleurotome le *Murex rufus* Lam., grande espèce de Rocher de la division des *Chicorées*.

Je ne trouve rien, dans la monographie de M. Kiener, qui se rapporte à notre coquille.

N.º 43. *PLEUROTOMA FRAGILIS*. Desh. Paris, n. 49, p. 480, pl. 67, fig. 25, 26, 27.

Fusus striatulatus. Lam. ann. du Mus. n.º 30, et an. s. v., t. 7., suppl. n.º 20.

Pleurotoma striatulata. Desh. Paris, t. 2, p. 513, *non* Lam.

Foss. de Paris.

Le nom spécifique *fragilis*, imposé par M. Deshayes, doit rester à cette coquille. Lorsque, dans les généralités du genre Fuseau (l. c. p. 512-513), cet auteur a ramené aux Pleurotomes et autres genres huit espèces portées à tort par Lamarck au nombre des Fuseaux, il a perdu de vue qu'il existait déjà un *Pleurotoma striatulata* Lam., grande espèce bordelaise, bien connue et toute différente (étiquetée au Jardin du Roi, en Août 1840, et sans doute par erreur de plume, *Pl. striatula*). Le fossile de Paris, que M. Deshayes a primitivement décrit sous le nom de *fragilis* ne doit donc pas changer de nom pour prendre celui de *striatulata*.

Nota. Il importe que les personnes qui possèdent des fossiles de Paris reportent sur leurs étiquettes les corrections faites par M. Deshayes à l'endroit que je viens de citer, afin d'éviter les doubles emplois.

N.° 44. *PLEUROTOMA DECUSSATA.* Lam. fossil. n.° 30. — Desh. Paris, n.° 37, p. 470, pl. 64, fig. 3, 4, 5, 7. — *Non* Grat. Tabl. Dax, p. 332, n.° 349.

Foss. des environs de Paris.

Cette petite coquille présente un caractère dont M. Deshayes n'a pas parlé, et que je crois unique parmi les Pleurotomes parisiens : le bord droit est *sillonné à l'intérieur.* Ces sillons sont saillans, peu réguliers en nombre et en grosseur, quelquefois bifurqués, et disparaissent en s'avançant du fond de l'ouverture vers le bord. Ils ne sont visibles qu'à la loupe. Je les ai observés sur six individus au moins, mais j'en possède un qui en est dépourvu.

Ce caractère se retrouve dans une espèce fossile de Dax et dans une très-petite espèce vivante, des Antilles, dont je possède deux individus.

N.° 45. *PLEUROTOMA CERITHIOIDES.* Nob.

Pl. decussata, var. B. *carinata !* Grat. Tabl. Dax, p. 332, n.° 349; *non* Lam. *nec* Desh.

Foss. de Dax.

Cette petite espèce, plus longue, plus effilée et d'un autre dessin que l'espèce parisienne, partage avec elle un caractère remarquable : son bord droit est *sillonné à l'intérieur ;* mais sous les autres rapports elle est différente. Elle a bien aussi, comme le fait observer M. de Grateloup, quelques traits de ressemblance avec le *Pl. textile* Brocch. ; mais son système de stries est différent, sa queue est plus courte, etc.

J'ai choisi pour elle le nom de *Pl. cerithioides*, à cause de la ressemblance de ses stries, de ses côtes et de ses nodulations, avec celles qu'on trouve dans beaucoup de Cérites.

N.º 46. *PLEUROTOMA VARIABILIS*. Millet, *Defrancia variabilis* ! , Annal. Linn. de Paris pour 1826, pl. 9. fig. 2 *a*, *b*, p. 5 du tirage à part, n.º 2.

Pl. plicata. Bast p. 64. n.º 6 (non figuré). — Grat. Tabl. Dax, p. 328. N.º 337, et Cat. Gir. p. 46. n.º 399. — Defr. Dict. p. 395 (pro parte). — *Non* Lam. *nec* Desh.

Foss. de Dax, de Bordeaux et de l'Anjou.

La fragilité du bord de cette petite espèce est telle que, sur plus de 50 individus, je n'en possède pas un peut-être où il soit parfaitement conservé. Cette raison, jointe à ce que je ne vois aucune trace de dent sur le bord columellaire de l'entaille, me détermine à penser que M. Millet l'a placée à tort dans son genre *Defrancia*. Je dois dire, il est vrai, que je n'ai pas vu d'échantillon de l'Anjou ; mais la figure citée ne montre pas de dents, et la description spécifique n'en parle pas non plus. Si donc je ne me trompe pas dans l'assimilation que je fais de la coquille bordelaise, celle de l'Anjou devra être séparée des quatre autres espèces publiées par M. Millet, et rentrer dans les vrais Pleurotomes, où M. de Basterot a jugé comme moi que son *Pl. plicata* doit être placé.

Cette dernière espèce diffère du vrai *plicata* parisien de Lamarck, par son dernier tour plus court que la spire, par sa queue plus courte, par ses côtes moins épaisses et moins saillantes, et par l'angle très-prononcé que forment ses tours de spire. Cet angle est marqué par la plus forte des 3 ou 4 stries transversales qui se détachent sur le treillissage presque microscopique de la surface des tours.

N.º 47. *PLEUROTOMA CRASSINODA*. Nob.

Pl. pustulata ! Grat. Tabl. Dax, p. 328, n.º 338 ; *non*

Brocch. (*Murex pustulatus*, p. 430. n.° 55, pl. 9, fig. 5).

Foss. de Dax.

Cette espèce, bien caractérisée par M. de Grateloup, et qui a laissé des doutes à cet auteur, ne répond réellement ni à la figure, ni encore moins à la description de Brocchi. Il m'a fallu lui donner un nom nouveau, dont M. de Grateloup, en revoyant avec moi sa collection en Avril 1842, a approuvé le choix.

N.° 48. *PLEUROTOMA MULTINODA*. (Lam. foss. n.° 15?) var. *meridionalis*, Bast., p. 64, n.° 8, (non figuré) ; *non* Grat.

Pl. Aquensis ! et *Pl. crenulata !* Grat.

Je n'ai pas de raisons majeures pour douter de l'identité spécifique de la coquille méridionale et de celle de Paris ; mais comme je n'ai pas vu cette dernière *en nature*, je ne cite le nom de Lamarck que sous la réserve du point d'interrogation.

Voici les deux variétés que nous reconnaissons, M. de Grateloup et moi, d'après notre travail commun dans sa collection, devoir entrer dans l'espèce de M. de Basterot :

Var. A. *Pl. Aquensis !* Grat. Tabl. Dax, p. 327, n.° 334 (1832). *Pl. Aquensis*, var. *a !* Grat., coll. (Avril 1842).

CC. à Dax, dans les faluns *bleus*. C. à Léognan.

Var. B. *Pl. crenulata !* Grat. Tabl. Dax, p. 327, n.° 335 (1832) ; *non* Lam.; *an* Bast. ? *Pl. Aquensis*, var. *b !* Grat. coll. (Avril 1842).

CC. à Dax, dans les faluns *jaunes*. Je ne le connais pas à Bordeaux.

N.° 49. *PLEUROTOMA QUOYI*. Nob.

Pl. monile. Valenc. coll. mus. — Kien. Pleur. p. 52, n.° 31, pl. 15, fig. 3 ; *non* Brocch.

Hab. mers de l'Océanie, côtes de la Nouvelle-Hollande.

Puisque le nom donné par M. Valenciennes fait double emploi avec celui de Brocchi (voir ci-dessus, n.° 26), il est juste de dédier l'espèce nouvelle à l'infatigable et savant naturaliste qui l'a découverte.

3.e Section. — (*DEFRANCIA*, Millet).

Ma collection renferme neuf très-petites espèces exotiques, vivantes, du groupe *Defrancia*. La plupart ne sont pas décrites à ma connaissance, et je ne retrouve point leurs analogues parmi mes fossiles : huit de ces espèces sont des Antilles. Je ne les décris pas dans ce mémoire, parce que je n'ai pas en ce moment la possibilité de les faire figurer, ce qui, vu leur petitesse, n'est pas chose facile.

N.° 50. *PLEUROTOMA PURPUREA*. Montagu (*Murex purpureus*), test. Brit. p. 260. pl. 9. fig. 3 (1804). — Mat. et Rack. (*Murex*) Catal. p. 148. n.° 15, (1807). — Defr. Coll. — Blainv. Faun. franç. pl. 4. fig. 10. — Kien. Pleur. p. 71. n.° 48. pl. 25. fig. 3. — Bast. p. 65. n.° 12, pl. 3. fig. 13. *a*, *b* (1825) *fossile*.

Pl. corbis. Michaud, Coll. — Pot. et Mich. Gal. Moll. Douai, t. 1, p. 444. n.° 8. pl. 35. fig. 1, 2. *vivant*.

Pl. Cordieri. Grat. Tabl. Dax, p. 334. n.° 354, et Cat. Gir. p. 46. n.° 393; *non* Payraud.

Hab. — Océan et Méditerranée. J'en possède un individu trouvé sur la côte du Vieux-Soulac (Gironde). — Foss. de Dax et de Bordeaux.

Rien de plus élégant que cette petite coquille, très-voisine en effet, comme le disent MM. Potiez et Michaud, mais très-distincte du *Pl. Cordieri* Payraud.

M de Grateloup donne comme synonymes ces deux espèces, dont M. Kiener maintient la séparation, en réunissant le *Pl. corbis* à la première. M. de Basterot dit avoir vu le *Pl. purpurea* vivant, de l'Océan et de la Méditerranée : je ne le possède que de la Corse, et je ne l'ai vu fossile que de Dax, où il est fort rare.

N.° 51. ***PLEUROTOMA RETICULATA***. Renieri (*Murex reticulatus*), cat. adriatique (1804). — Brocch. (*Murex*) suppl. p. 663. — Desh. ap. Lyell (ex Grat.), *fossile*. — Grat. Cat. Gir. p. 47, n.° 408, *fossile*. — Bronn, Leth. géogn. p. 555 (1837), *fossile*. — Philipp. Enum. moll. Sicil. p. 196.

Murex muricatus ? Montagu, test. Brit. p. 262. pl. 9, fig. 2 (1804). — Mat. et Rack. cat. p. 149, n.° 16 (1807); non *Pl. muricata* Lam. *nec*. M.[l] de Serres.

Pleurotoma echinata. Brocch. (*Murex*), n.° 45, p. 423, pl. 8, fig. 3, *non* Lam.; nec *Fusus echinatus*. Dub. de Montpér., conch. plat. Wolh. Podol. p. 31, pl. 1, fig. 45 (ex icone).

Pl. Cordieri. Payraudeau, cat. moll. Cors. n.° 287, p. 144, pl. 7, fig. 11 (1826). — Blainv., Faun. franç., p. 106, n.° 23, pl. 4, fig. 9. — Kien. Pleur. p. 69, n.° 46, pl. 24, fig. 1 ; *non* Grat.

Hab. La Méditerranée. — Foss. d'Italie et de Bordeaux.

Brocchi, en restituant à son *Murex echinatus* de 1814 le nom plus ancien (1804), de *reticulatus*, a laissé libre le premier de ces noms que Lamarck a appliqué en 1822 à un grand Pleurotome du Sénégal, et a consenti implicitement à ce que son ancien *Murex reticulatus* reçût légitimement le nom nouveau de *Pleurot. ramosa*, que M. de Basterot lui a imposé en 1825.

M. Dubois de Montpéreux dit que son *Fusus echinatus* est exactement, sauf sa petite taille, le *Murex echinatus* Brocch. Il faut alors que le dessinateur ait figuré une coquille autre que l'individu décrit, car la figure jointe à la description n'a aucun rapport avec celle de Brocchi. Il y a même tout lieu de présumer que c'est un Fuseau et non un Pleurotôme. Au reste, la description se borne à la copie textuelle de la caractéristique de Brocchi, laquelle est en contradiction avec la figure de la coquille Wolhynienne.

Je ne pense pas que le *Pl. quadrillum* Dujard. foss. tert. Tour., p. 291, n.º 10, pl. 20, fig. 23, soit un jeune individu du *Pl. Cordieri* Payraud., et M. Dujardin ne veut pas l'affirmer non plus. Je ne l'ai pas vu en nature ; mais la figure qu'en publie M. Dujardin indique un individu parfaitement adulte (vu les caractères du groupe *Defrancia*), et fait voir distinctement un bord columellaire qui paraît ne pas exister dans le *Pl. Cordieri* vivant.

C'est d'après la figure de Brocchi que j'identifie le *Pl. Cordieri* avec le *reticulata*, qui se trouve avoir dès-lors 24 ans d'antériorité.

N.º 52. ***PLEUROTOMA INTERRUPTA.*** Lam. n.º 6. — Kien. Pleur. p. 32, n.º 25, pl. 12, fig. 2. — Encycl. méth. pl. 438, fig. 1, *a*, *b* (malæ.) ; *non* Brocch. *nec* Desh. Encycl. (fossil.).

M. Kiener ne connaît pas l'*habitat* de cette espèce : j'en ai plusieurs échantillons, venant des Antilles. La figure donnée par cet auteur est trop aiguë, ainsi que celle de l'Encyclopédie.

L'espèce dont il s'agit, appartient au groupe *Defrancia*,

Elle est jaunâtre, à côtes plus foncées, d'un rouge moins éclatant que dans la figure de M. Kiener. La coquille bien fraîche est recouverte d'un épiderme presque noir.

Je renvoie au n.° 24 de ce Mémoire, pour les raisons qui m'ont fait sacrifier le nom plus ancien du *Pl. interrupta* Brocch. à celui (*Pl. turris*) imposé huit ans plus tard, par Lamarck, à une espèce fossile très-différente de l'espèce vivante qui nous occupe en ce moment.

N.° 53. *PLEUROTOMA MICHAUDII.* Nob.

Pl. lineata. Pot. et Mich., Gal. moll. Douai, tom. 1, p. 445, n.° 17, pl. 35, fig. 3, 4, *malæ* (1838); *non* Lam. n.° 10.

Mangilia lineata. Beck. (ex Pot. et Mich. l. c.).

Non *Pl. linearis.* Blainv. *nec* Kien. Pleur. p. 73, n. 50, pl. 25, fig. 4.

Pl. Villiersii, var. 2.^a Michaud, descript. coq. nouvel., *in* Bull. Soc. Linn. Bordeaux, tom. 3, p. 263, non figuré (1829). — Kien. Pleur. p. 81, en note.

Hab. Cette, RR.

Cette petite coquille, bien que colorée à peu près comme le *Pl. Villiersii*, n'appartient pas à la 2.e section ; c'est un vrai *Defrancia.*

Le nom adopté par MM. Potiez et Michaud ne peut être conservé, puisque Lamarck avait publié depuis 16 ans un *Pl. lineata.* Je me fais un plaisir de dédier l'espèce Méditerranéenne au zélé naturaliste de qui je la tiens ainsi que tant d'autres objets précieux, et qui, le premier l'a fait connaître.

M. Kiener, qui sans doute n'a pas vu cette coquille, puisqu'il la confond avec le *Pl. linearis* Blainv. (Kien. Pleur. p. 74, en note), se borne à dire, à la fin de l'article du *Pl. Villiersii*, que M. Michaud en indique une variété, et il répète la description de M. Michaud.

N.° 54. *PLEUROTOMA MILLETII.* Soc. Linn. Paris. (*Defrancia Milletii*), *in* Annal. Linn. pour 1826, pl. 9, fig. 5 *a*, *b*, p. 6, du tirage à part, n.° 5.

Pl. costellata. Bast. p. 66, n.° 14, pl. 3, fig. 24 (optima) ! — Grat. Tabl. Dax, p. 332, n.° 350, et Cat. Gir. p. 46, n.° 392 ; *non* Lam. *nec* Desh. — Defr. Dict. p. 395 (pro parte).

Foss. de Dax et de l'Anjou. CC.

MM. de Basterot et de Grateloup le citent aussi aux environs de Bordeaux, d'où je ne le possède pas ; n'aurait-il pas été confondu avec quelque autre espèce ?

Cette jolie et très-remarquable coquille, quoiqu'incomplètement décrite par MM. de Basterot, Millet, Defrance et de Grateloup, est si abondante à Dax et si bien connue par l'excellente figure du Mémoire de M. de Basterot, que je ne crois pas devoir allonger le mien en en donnant une description spéciale : on la distinguera toujours facilement (même avant l'âge adulte) du *Pl. variabilis* Mill. auquel elle ressemble un peu, par le large espace *lisse à la vue simple*, qui borde inférieurement ses sutures.

Quant au *Pl. costellata* Lam., espèce parisienne, il n'admet aucune comparaison avec la nôtre, puisqu'il est un vrai Pleurotome de la 2.e section, tandis que la nôtre est peut-être le fossile le plus parfaitement caractérisé de la 3.e ou du groupe *Defrancia.*

M. Defrance, en 1825 (Dict. Scienc. nat., t. 41), ouvrit les yeux sur l'un des caractères qui séparent si largement l'espèce de M. de Basterot de celle de Lamarck ; mais il ne vit rien au-delà du bourrelet et de l'entaille dont il parle à la page suivante pour approuver et confirmer les idées de M. de Basterot. Il cite, p. 395, le *Pl. costellata* à Parnes. Grignon, Hauteville, Orglandes et Bordeaux ; puis il ajoute :

« Les coquilles de ce dernier endroit portent un bourrelet au » bord droit, et pourraient constituer une espèce distincte ».

Cette observation importante n'a point attiré l'attention de M de Grateloup : quant à M. Millet qui, la même année où M. Defrance écrivait, lui dédia son genre *Defrancia*, il n'eut au contraire nulle idée de rapprocher cette espèce d'une espèce parisienne, mais il ne donna qu'une figure imparfaite et une courte description de la coquille que la Société Linnéenne de Paris lui avait dédiée sans la rapprocher de l'espèce de M. de Basterot.

La véritable appréciation scientifique de cette coquille n'a donc fait aucun progrès depuis MM. Defrance et Millet. J'y ai reconnu un double caractère fort remarquable : le bord droit, très-épaissi, est fortement *sillonné à l'intérieur*, et le bord columellaire est *denticulé* vers sa base, dans les individus adultes, comme celui de certains Buccins. D'après ces motifs, je lui avais donné le nom de *Pl. sulcilabris*, sous lequel je l'ai adressée à quelques-uns de mes correspondants (ce nom n'a pas été imprimé) ; mais depuis, j'ai acquis la persuasion (non la *certitude* absolue, car je n'ai pas vu d'échantillon de l'Anjou), que notre espèce doit être rapportée au n.° 5 du Mémoire de M. Millet sur le genre *Defrancia*.

N.° 55. ***PLEUROTOMA SUTURALIS.*** Millet (*Defrancia suturalis*), Annal. Linn. de Paris pour 1826. pl 9. fig. 4 *a*, *b*. p. 6 du tirage à part, n.° 4.

Foss. de Léognan près Bordeaux.

Ce Pleurotome y est si rare, que je n'en ai vu que l'exemplaire de ma collection.

N.° 56. ***PLEUROTOMA CLAVULINA.*** Nob.

Pl. terebra. Dujard. Foss. tert. Tour. p. 292. n.° 14. pl. 20. fig. 30 ; *non* Bast. *nec* Grat.

Foss. de la Touraine.

Je ne connais cette espèce que par la figure et la description qu'en donne M. Dujardin.

Comme plusieurs paléontologistes ont cru que les *Pl. oblonga* Brocch. et *terebra* Bast. étaient synonymes, le savant auteur du Mémoire sur la géologie de la Touraine a pu penser que le nom spécifique *terebra* était disponible, et l'a donné à une espèce qu'il a jugée lui-même toute différente de celle de M. de Basterot. Mais maintenant que je crois pouvoir prouver que l'espèce italienne est parfaitement distincte de l'espèce de Dax et de Bordeaux, le nom de M. de Basterot reste à celle-ci, et je suis dans l'obligation de changer celui de l'espèce de la Touraine.

N.-B. Je vais aborder, en terminant ce Mémoire, une des études les plus difficiles et les plus embrouillées qui se rencontrent dans l'appréciation des espèces du genre Pleurotome; c'est celle d'une petite famille du groupe *Defrancia*, famille composée de coquilles à canal très-court, à côtes longitudinales courtes, à sutures marginées, à stries transversales très-fortes, dont je trouve le type, à l'état vivant, dans le *Pl. striata* Kien., et dont le *Pl. terebra* Bast. *non* Dujard. est l'espèce fossile la plus connue, quoique non la première décrite. Ce rang d'ancienneté appartient au *Pl. oblonga* Brocch., espèce qui, selon moi, a été méconnue jusqu'ici par la plupart des auteurs. Vient ensuite le *Pl. terebra* Bast. que son inventeur a eu grande raison de ne pas confondre avec l'espèce italienne : malheureusement, son exemple n'a pas été suivi. Enfin, deux espèces de Dax et deux d'Italie compléteront ce que j'ai à dire sur cette petite famille.

Les phrases caractéristiques que j'ai adoptées seraient trop longues pour une monographie; elles sont *descriptives* : mais dans une monographie, on forme des divisions en tête desquelles on inscrit les caractères *communs*, et alors la *phrase* se réduit aux dimensions ordinaires.

N.° 57. ***PLEUROTOMA STRIATA***. Kien. Pleur. p. 36, n.° 28. pl. 14, fig. 2.— Gualt. pl. 52. fig. H.

Hab. Les Indes orientales?

C'est à cette espèce et non au *Pl. oblonga* que je rapporte la figure de Gualtièri, bien qu'elle présente, pour l'espèce dont il s'agit, le même défaut que Brocchi signale en la comparant avec l'*oblonga ;* c'est qu'elle ne montre ni le bourrelet sutural, ni l'entaille : mais les côtes, peu obliques, épaisses et à dos très-rond, se rapportent à l'espèce vivante et non à la fossile.

P. testâ (brunneo-violacescente) subfusiformi-turritâ, striis validis (majoribus alternantibus) transversìm regulariterque instructâ; spirâ acutissimâ; anfractibus duodenis 9-10-*costatis basi tumentibus supernè depresso-canaliculatis ad suturam superiorem tenuiter marginatis ; costis obliquis crassis obtusis nodiformibus (albo-flavicantibus) antè canaliculum superiorem anfractuum desinentibus ; anfractu ultimo (supernè tantùm costato, sulcis transversalibus validissimis instructo) cum caudâ brevi latissimâ emarginatâ spirâ breviore ; aperturâ supernè dilatatâ, columellâ rectâ.*

Longueur : 15 lignes. — Diam. 5 lignes.

N.° 58. *PLEUROTOMA OBLONGA.* Renieri (*Murex oblongus*), Cat. Adriat. (1804). — Brocch. (*Murex*) p. 429. n.° 54. pl. 8 fig. 5. (*optima !*) ; *non* Defr. *nec* Grat.

Pl. subulata. Defr. Dict. p. 394 ; *non* Grat.

Pl. Brocchii. Bonelli, coll. Mus. Taur. n.° 269. — Bellard. et Michelott. Sagg. orittogr. p. 9. n.° 8. pl. 1. fig. 4.

Hab. L'Adriatique (Renieri). — Foss. du Plaisantin !

La figure de Brocchi est excellente ! et prouve, conjointement avec mes échantillons de Castel-Arquato (recueillis par M. Bertrand-Geslin) et avec ceux adressés à M. de Grateloup par M. le professeur Jan, que les côtes sont réellement *obliques!*, ce qui ramène ici le *Pl. subulata* de M. Defrance, et laisse bien distinct le *Pl. terebra* Bast. (*oblonga* Defr.), ainsi que l'*oblonga* Grat., et l'*oblonga* de quelques paléontologistes italiens modernes.

L'espèce dont il s'agit n'existe ni à Dax ni à Bordeaux.

P. testâ acutâ subfusiformi, striis irregulariter alternantibus transversim instructâ; spirâ subacuminatâ; anfractibus subduodenis 7-8-costatis basi tumentibus supernè depressis ad suturam superiorem submarginatis; costis obliquis obtusis (vix regularibus) subnodiformibus antè canaliculum superiorem anfractuum desinentibus; anfractu ultimo (extùs sulcato) cum caudâ brevissimâ crassâ vix emarginatâ spirâ breviore; aperturâ angustâ (labiis subparallelis); columellâ rectâ.

Longueur : 15 lignes. — Diamètre : 4 1/2 lignes.

N.° 59. *PLEUROTOMA OBELISCUS*. Nob.

Pl. multinoda! Grat. Tabl. Dax, p. 328. n.° 339. *non* Lam. *nec* Bast. *nec* Defr.

Foss. de Dax.

Cette belle espèce se distingue de l'*oblonga* Ren., Brocch. par ses côtes presque *verticales*, *comprimées*, à dos *tranchant*, et par sa forme plus cylindrique, moins rapidement amincie.

Depuis que l'erreur qui consiste à considérer l'*oblonga* Ren. et le *terebra* Bast. comme synonymes, s'est répandue, M. de Grateloup est le premier (1832) qui les ait signalés comme distinctes ; mais il n'a connu alors ni le vrai *oblonga* ni le vrai *multinoda*.

P. testâ elongatissimâ subfusiformi-cylindraceâ, striis subæqualibus transversim instructâ (incrementalibus subdecussatâ); spirâ acutissimâ; anfractibus circiter tredenis

8-10-*costatis planiusculis infernè vix tumentibus supernè depresso-canaliculatis ad suturam superiorem marginatis; costis verticalibus compressis (dorso acutiusculis) antè canaliculum superiorem anfractuum desinentibus ; anfractu ultimo cum caudâ brevi angustâ acuminatâ nec emarginatâ spirâ multò breviore ; aperturâ minimâ angustâ utrinquè acuminatâ ; columellâ rectâ.*

Longueur : 14 lignes. — Diamètre : 4 lignes.

N.º 60. *PLEUROTOMA BELLARDII.* Nob.

Foss. de Santa-Agata près Tortone (Piémont), et du Plaisantin.

Cette belle espèce, très-distincte du *Pl. oblonga* Ren., par ses grosses côtes *verticales*, à dos *rond*, a été prise pour lui par quelques conchyliologistes italiens. Je me fais un plaisir de la dédier au savant naturaliste de Turin qui vient de publier la Monographie des Cancellaires du Piémont, et à qui nous devrons bientôt celle des Pleurotomes de cette riche contrée.

P. testâ elongatissimâ, subfusiformi-turritâ, striis æqualibus !(distantibus) crassissimis transversim instructâ ; spirâ acutissimâ ; anfractibus duodenis (brevibus) 8-costatis ! basi valdè tumentibus supernè depresso-canaliculatis ad suturam superiorem tenuissimè marginatis ; costis verticalibus crassissimis obtusis nodiformibus antè canaliculum superiorem (angustissimum) anfractuum desinentibus ; anfractu ultimo cum caudâ brevissimâ angustiusculâ nec emarginatâ spiram dimidiam vix superante ; aperturâ minimâ angustissimâ utrinquè acuminatâ ; columellâ vix intortâ (extremitate adscendente).

Long. 13 lignes. — Diam. 4 lignes.

N.° 61. *PLEUROTOMA GESLINI.* Nob.

Foss. de Castel-Arquato (Plaisantin).

Je suis heureux de dédier cette espèce que je crois entièrement nouvelle comme la précédente, à M. Bertraud-Geslin, savant géologue à qui j'en dois la communication. Je ne l'ai vue d'aucune autre localité.

Jusqu'à ce moment (Août 1841), je l'avais confondue avec le *Pl. terebra* Bast., auquel elle se rapporte exactement par la forme de ses côtes ; mais quand j'en suis venu à rédiger les descriptions comparatives, j'ai reconnu que sa forte taille, sa forme plus raccourcie et beaucoup plus ventrue, et son système tout différent de stries transversales, me faisaient une loi de l'en séparer.

P. testâ subfusiformi, infrà medium ventricosâ (præcedentibus magis abbreviatâ) striis regularibus (majoribus alternantibus) transversìm instructâ, incrementalibus infernè granulato-decussatâ ; spirâ acutiusculâ ; anfractibus circiter denis duodenisve 11-12-costatis planiusculis (basi non tumentibus) supernè depresso-canaliculatis ad suturam superiorem marginatis ; costis verticalibus compressis (dorso acutis) antè canaliculum superiorem desinentibus ; anfractu ultimo cum caudâ ferè nullâ latissimâ nec emarginatâ spirâ breviore ; aperturâ angustâ (labiis ferè parallelis) ; columellâ rectâ (extremitate parùm attenuatâ).

Long. 12 lignes. — Diam. 4 lignes.

Nota. M. de Grateloup a reçu de M. le professeur Jan, de Parme, un échantillon très-vieux et très-endommagé de cette même espèce ! et de la même localité !, sous le n.° 46 de l'envoi (n.° 26 du genre) et sous le nom de *Pl. pustulata* Brocch. Je n'ai pas, à Bordeaux où j'écris cette note (Avril 1842), la figure de Brocchi sous les yeux ; mais le souvenir que j'en ai conservé après la longue étude que j'ai faite, l'été dernier, de son magnifique ouvrage, ne me permet de regarder cette détermination que comme le résultat d'un mélange d'étiquettes ou d'échantillons. Brocchi était trop exact dans le choix des noms spécifiques, pour donner le nom de *pustulata* à une coquille qui ne présente que des côtes longitudinales parfaitement nettes!

N.° 62. *PLEUROTOMA TEREBRA*. Bast., p. 66, n.° 13, pl. 3, fig. 20; *non* Grat. *nec* Dujard.

Pl. oblonga Defr., Dict. p. 394. — Grat. Tab. Dax, p. 329, n.° 341! *non* Renier. *nec* Brocch.

Foss. de Dax, de Bordeaux et d'Italie.

Cette espèce se distingue, 1.° de l'*oblonga* Ren. par ses côtes *verticales* et plus nombreuses; 2.° du *Bellardii* par ses côtes *comprimées*, à dos *tranchant*; 3.° de l'*obeliscus* par le nombre plus grand de ces mêmes côtes, par sa petite taille et par sa queue plus courte; 4.° du *Geslini* par sa forme *subulée* et ses stries *creuses* (non en relief).

C'est un individu extrêmement jeune de cette espèce que j'ai, par erreur, mentionné sous le nom de *Fusus marginatus?* Lam. dans les Tableaux de Fossiles de Bordeaux, que M. Dufrénoy a joints à son Mémoire sur les terrains tertiaires du Midi de la France.

Pl. testâ elongatissimâ, subulato-cylindraceâ, striis æqualibus transversis filiformibus, excavatis! (exaratâ, incrementalibus infernè granulato decussatâ; spirâ acutissimâ; anfractibus duodenis tredenisve 11-12-*costatis planis, (basi non tumentibus) supernè depresso-canaliculatis ad suturam superiorem marginatis; costis verticalibus compressis (dorso acutis) antè canaliculum (angustissimum) superiorem anfractuum desinentibus; anfractu ultimo cum caudâ ferè nullâ latiusculâ nec emarginatâ spiram dimidiam vix superante; aperturâ minimâ angustissimâ sinuosâ; columellâ rectiusculâ, medio incrassatâ (extremitate attenuatâ adscendente), labro infrà sinum unidentato.*

Long. 9-10 lignes. Diam. près de 3 lignes.

N.° 63. *PLEUROTOMA DUFOURII.* Nob.

Pl. terebra ! Grat. Tabl. Dax, p. 329, n.° 340, et Cat. Gir. p. 46, n.° 391. — Bast. (pro parte) l. c.

Foss. de Dax et de Bordeaux.

Cette espèce paraît, au premier coup-d'œil, être semblable à la précédente, dont elle se distingue pourtant, parce qu'elle est un peu plus ventrue, que ses tours et ses côtes sont plus convexes, que celles-ci sont moins comprimées sur les côtes, plus obliques, que sa columelle est tordue et que son ouverture est plus large.

Je suis heureux de dédier cette jolie espèce au célèbre naturaliste de Saint Sever, M. le D.r Léon Dufour, à qui les diverses branches des sciences naturelles doivent de nombreuses découvertes et d'excellentes observations, et dont les admirables travaux entomologiques sont une des gloires de nos provinces méridionales.

Pl. testâ elongato-subulatâ, striis subæqualibus transversis filiformibus (excavatis) exaratâ ; spirâ acutissimâ ; anfractibus circiter duodenis 8-10-costatis convexiusculis (medio tumentibus) supernè depresso-canaliculatis ad suturam superiorem tenuissimè marginulatis ; costis vix obliquatis compressis (dorso acutiusculis) antè canaliculum (angustissimum) superiorem anfractuum desinentibus ; anfractu ultimo cum caudâ brevissimâ latissimâque nec emarginatâ spiram dimidiam superante ; aperturâ minimâ angustâ medio dilatatâ utrinquè attenuatâ ; columellâ leviter intortâ (extremitate attenuatâ adscendente).

Long. de mes échant. 7 lignes. — Diam. 2 lignes (j'en ai vu, chez M. de Grateloup, qui atteignent la taille de l'espèce précédente).

APPENDICE.

M. Dufrénoy a inséré dans son important *Mémoire sur les terrains tertiaires du bassin du Midi de la France* (1834 Annales des mines, 3.e série, T. 3), des Tableaux de fossiles de nos faluns bordelais, qui lui ont été fournis par moi. Je suivais alors, et sans plus d'examen, pour les Pleurotomes, la nomenclature adoptée par M. de Basterot. On vient de voir que beaucoup de rectifications sont devenues indispensables; et beaucoup d'espèces, alors non débrouillées, le sont maintenant. Je crois donc devoir profiter de cette occasion pour publier ces rectifications et ces additions à la p. 122 du tirage à part de M. Dufrénoy.

1.° RECTIFICATIONS.

Noms adoptés en 1834.	Noms adoptés en 1842.
Pleur. Borsoni. Bast.	Pleur. semimarginata. Lam.
tuberculosa. *id.*	asperulata. *id.*
ramosa. *id.*	ramosa. Bast.
cataphracta. *id.*	cataphracta. Brocch.
costellata. Lam.	Milletii. Soc. Lin. Paris.
pannus. Bast.	pannus. Bast.
denticula. *id.*	denticula. *id.*
terebra. *id.*	terebra. *id.*
cheilotoma. *id.*	cheilotoma. *id.*
plicata. Lam.	variabilis. Millet.
undata. *id.*	uniserialis. Desh.
turris. *id.*	turris. Lam.
multinoda. Bast.	multinoda. Lam.
crenulata. *id.*	(ex Basterot; à me non vis.)
purpurea. *id.*	purpurea. Montagu.

2.° ADDITIONS.

Au lieu de 2-4 espèces *non* déterminées, nous en aurons 21 à ajouter, savoir :

PLEUR. Javana. de Roissy.	PLEUR. Dujardinii ? Nob.
striatulata Lam.	fallax. Grat.
pseudofusus. Nob..	suturalis. Mill.
carinifera. Grat.	subulata. Grat.
Jouannetii. Nob.	ornata. Defr.
calcarata. Grat.	concatenata. Grat.
spinosa. Defrance.	Dufourii. Nob.
intorta. Brocch.	filosa. Lam. (ex Grat., à me non vis.)
Basteroti. Nob.	reticulata. Ren. (ex Grat. à me non vis.)
undata ? Lam.	
glabella ? Bonelli	
vulgatissima. Grat. RR. (M. Pédroni.)	

Je profite de cette petite publication relative au genre Pleurotome, pour dire quelques mots sur la synonymie d'une coquille méditerranéenne que quelques auteurs ont rapportée à ce genre, bien qu'elle n'en ait pas les caractères essentiels.

Elle fut autrefois découverte dans l'Adriatique par Renieri, qui la nomma *Murex politus* var. *a*. La var. *b* de l'espèce de Renieri fut très-bien distinguée, en 1814, par Brocchi (T. 2. Suppl. p. 663) qui la déclara l'analogue vivant de son *Murex subulatus* (*Fusus buccinoides* Bast.), et en effet, Brocchi la plaça à juste titre dans la série qui répond aux Fuseaux de Lamarck, mais il ne remarqua pas que la var. *a*. devait appartenir au genre Buccin.

M. le professeur Cantraine, de Gand (Diagnos. Mollusq. Méditerr., p. 17), reconnut la vraie place de cette var. *a*, et la décrivit fort bien, en 1835, sous le nom de *Buccinum politum* Cantr. J'en possède un très-bon exemplaire, long de 6 1/2 lignes, recueilli dans les trous d'une éponge de Naples.

Cette dénomination est rigoureusement juste, vu la grande antériorité de l'espèce de Renieri (1804) sur le *Buccinum! politum* Lam. an. s. v. n.° 20 (1822), espèce complètement différente; mais si on la laissait subsister, elle produirait une confusion dans la synonymie :

1.° L'espèce de Renieri en contient *deux*, de genres *différents;*

2.° L'espèce Sénégalaise et méditerranéenne que Lamarck nomma ainsi par inadvertance, a passé dans la science, à l'état vivant comme à l'état fossile (Basterot) ;

3.° Le *Species général* de Lamarck étant le seul qui existe et servant de base à tous les travaux conchyliologiques, il est nécessaire de lui sacrifier quelquefois des règles de justice rigoureuse, pour éviter de plus grands embarras synonymiques.

Je propose donc de nommer la var. *a* de Renieri :

Buccinum Renieri. *Nob.*, avec cette synonymie :

Murex politus, var. *a*. Renieri.

Buccinum politum, Cantraine; *non* Lam. *nec* Bast.

TABLE ALPHABÉTIQUE

DES PLEUROTOMES MENTIONNÉS DANS CE MÉMOIRE.

(Les noms spécifiques *adoptés* sont imprimés en caractères *romains ;* les *synonymes* le sont en *italiques*. Les chiffres n'indiquent point les pages, mais bien les numéros d'ordre des espèces mentionnées).

Ch. Des MOULINS

Imprimerie de TH. LAFARGUE, Libraire, à Bordeaux.

www.ingramcontent.com/pod-product-compliance
Ingram Content Group UK Ltd.
Pitfield, Milton Keynes, MK11 3LW, UK
UKHW020350180726
13839UKWH00003B/1011